家居装修选材完全图解

水电管线

李甜甜　主编
袁倩　万丹　副主编

化学工业出版社
·北　京·

内容简介

本书主要介绍家居装修中所用的基础水电管线材料，全书共2章，详细介绍了每种材料的名称、特性、规格、价格、使用范围等内容，着重讲解各种材料的选购方法与识别技巧。通过多种方法比较各种材料的质量，满足现代家居装修设计与施工的实际需求。

本书适合现代装修消费者、装修设计师、项目经理、材料经销商阅读参考。

图书在版编目（CIP）数据

家居装修选材完全图解. 水电管线 / 李甜甜主编. 袁倩，万丹副主编. -- 北京 ：化学工业出版社，2022.7

ISBN 978-7-122-36208-7

Ⅰ. ①家… Ⅱ. ①李… ②袁… ③万… Ⅲ. ①住宅－室内装修－装修材料－图解 Ⅳ. ①TU56-64

中国版本图书馆CIP数据核字（2020）第026859号

责任编辑：吕佳丽　邢启壮　　装帧设计：史利平
责任校对：宋　玮

出版发行：化学工业出版社（北京市东城区青年湖南街13号　邮政编码100011）
印　　装：北京宝隆世纪印刷有限公司
710mm×1000mm　1/16　印张4　字数90千字　2023年1月北京第1版第1次印刷

购书咨询：010-64518888　　售后服务：010-64518899
网　　址：http://www.cip.com.cn
凡购买本书，如有缺损质量问题，本社销售中心负责调换。

定　　价：49.80元

前言

家居装修向来是件复杂且必不可少的事情，每个家庭都要去面对，解决装修中的诸多问题需要一定的专业技能，需要专业的知识。本书对烦琐且深奥的装饰工程进行分解，化难为易，为广大装修业主提供切实有效的参考依据。

家居装修的质量主要是由材料与施工两方面决定的，而施工的主要媒介又是材料。因此，材料在家居装修质量中占据着举足轻重的地位，但不少装修业主对材料的识别、选购、应用等知识一直感到很困惑。其实，如此复杂的内容不可能在短期内完全精通，甚至粗略了解一下都需要花费不少时间。本书正是为了帮助装修业主快速且深入地掌握装修材料而编写的全新手册，旨在为广大装修业主学习家装材料知识提供便捷的渠道。

现代家装材料品种丰富，装修业主在选购之前应该基本熟悉材料的名称、工艺、特性、用途、规格、价格、鉴别方法等7个方面内容。一般而言，常用的装修材料都会有2～3个名称，选购时要分清学名与商品名，本书正文的标题均为学名，在正文中对于多数材料同时也给出了对应的商品名。了解材料的工艺与特性能够帮助装修业主合理判断材料的质量、价格与应用方法，避免因错买材料而造成麻烦。了解材料用途、规格能够帮助装修业主准确计算材料的用量，不至于造成无端的浪费。材料的价格与鉴别方法是本书的核心。为了满足全国各地业主的需求，每种材料会给出一定范围的参考价格，业主可以根据实际情况来选择不同档次的材料。鉴别方法主要是针对用量大且价格高的材料，介绍实用的选购技巧。这些方法操作简单，实用性强，在不破坏材料的前提下，能基本满足实践要求。

本书由李甜甜主编，袁倩、万丹任副主编，参编人员有：朱钰文、万财荣、郭华良、朱涵梅、黄溜、湛慧、张泽安、杨小云、汤宝环、高振泉、张达、刘嘉欣、刘沐尧、金露、万阳、张慧娟、牟思杭、汤留泉。

本书的编写耗时3年，所列材料均为近5年的主流产品，具有较强的指导意义，在编写过程中得到了多位同仁的帮助，在此表示衷心感谢，由于编者水平有限，书中不足之处在所难免，恳请广大读者批评指正。

编者

2022年2月

目录

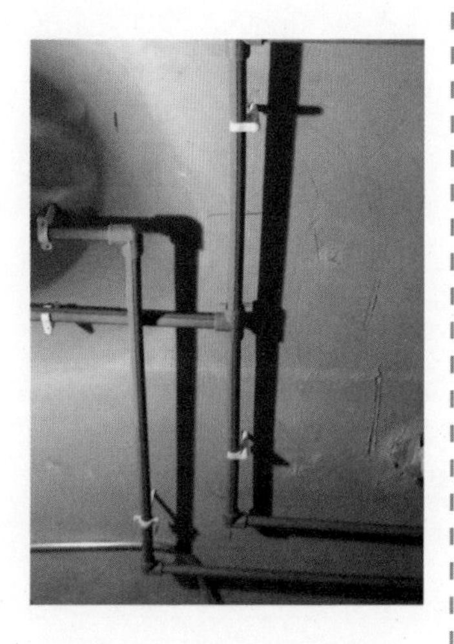

第1章

水路管材

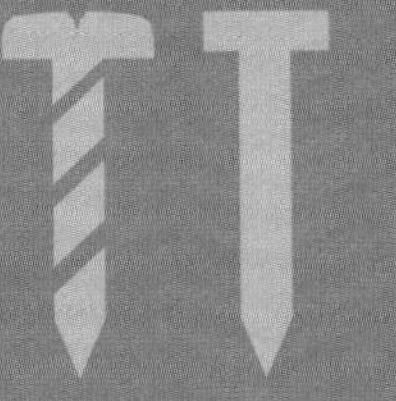

识读难度：★★★★☆

核心概念：PP-R供水管、PVC排水管、CPVC供水管、铝塑复合管、铜塑复合管、不锈钢管、镀锌管、金属软管、不锈钢波纹软管

章节导读：水路改造是装修工程中重要的隐蔽工程，如果材料不过关，将会带来巨大的安全隐患。水路施工完毕后还需经过严格的检测，一旦填埋到墙、地面中去，维修起来会非常麻烦，因此一般多会选用知名品牌的管材。管材的价格较高，尤其是各种型号和规格的转角、接头，应该根据图纸与空间，精确计算后选购，避免造成浪费。

1.1 PP-R供水管

PP-R管全称为三型聚丙烯管，是采用无规共聚聚丙烯经挤出、注塑而成的绿色环保管材，常用作自来水供给管道，在家居装修中用于连通厨房、卫生间、阳台等各种用水空间。

PP-R管有一般塑料管所具备的重量轻、耐腐蚀、不结垢、使用寿命长等特点，最主要的是无毒、卫生，PP-R的组成元素只有碳、氢元素，没有毒害元素存在，对健康无危害。

→PP-R管

PP-R管保温节能，热导率仅为钢管的5%，同时具有较好的耐热性，PP-R管的软化点为130℃，可以满足家居生活的各种给水使用要求。PP-R管使用寿命长，在70℃工作环境下，水压为1MPa 时，使用寿命可以达到 50 年以上，在常温20℃的工作环境下，使用寿命可以达到100年以上。

→PP-R管配件

在前几年的家居装修中，PP-R供水管还分为冷水管与热水管，冷水管的工作温度只能达到70℃，热水管可以达到130℃，但冷水管价格低廉，在装修中用量较大，而热水管主要用于连通热水器。

现代生活条件提高了，热水设备无处不在，为了防止热水器中的热水回流，装修中一般全部采用热水管，使用起来更加安全。冷水管则用于阳台、庭院的洗涤及灌溉。

PP-R管不仅是厨房和卫生间冷、热水给水管的首选，还能够用于全套住宅的中央空调、小型锅炉地暖的给水管，以及直接饮用的纯净水的供水管。

PP-R管的规格表示分为外径（DN）与壁厚（EN），单位均为mm。PP-R管的外径一般为φ20mm、φ25mm、φ32mm、φ40mm、φ50mm、φ65mm、φ75mm等。

↑PP-R管管件。PP-R管的管件主要包括直接、内丝弯头、三通、弯头、四通、活接、过桥弯以及阀门等

管材系列S，用来表示管材抗压级别，单位为MPa。大部分企业生产的PP-R管材有S5、S4、S3.2、S2.5、S2等级别，其中S5级管材能够承载1.25MPa水压，适用于家居装修，因为住宅常规水压为0.3～0.5MPa。

以φ25mm的S5型PP-R管为例，外径为φ25mm，管壁厚2.5mm，长度为3m或4m，也可以定制，价格为6～8元/m。此外，PP-R管还有各种规格的接头配件，价格相对较高，是一套复杂的产品体系。

单层管和双层管两者其实相差无几，一般冷水管适宜选用单层PP-R管，热水管适合选用双层PP-R管，这样可以有效避免爆管漏水的现象。根据水管的用途（传送冷水还是热水）来选择使用单层PP-R管还是双层PP-R管，这样能有效避免漏水事故的发生，也能改善居住体验。

PP-R管依据内部结构的些许不同，还会分为单层水管和双层水管，其中双层水管由内绿外白两层构成，一般内层是为了抗菌，能够有效地对水源进行杀菌抑菌，且双层管的内壁光滑，管道的阻力小，这也极大地降低了水流的振动和噪声，送水特别迅速。

↑双层PP-R管

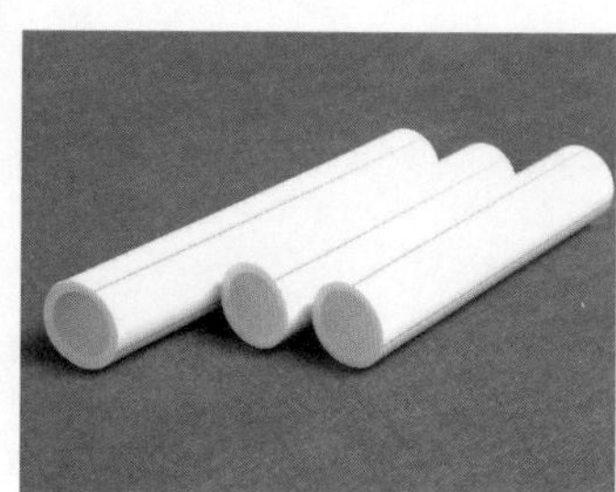

↑单层PP-R管

双层PP-R管由于本身是两层的结构，密封性较好，这也减少了漏水的可能，耐用性更强，使用寿命更长。而单层PP-R管一般的承受温度在80～90℃左右，适合家庭的正常使用，但是单层PP-R管一旦遇到热胀冷缩，极易发生爆管的现象，导致大面积漏水，十分麻烦。

↑PP-R管对孔热熔

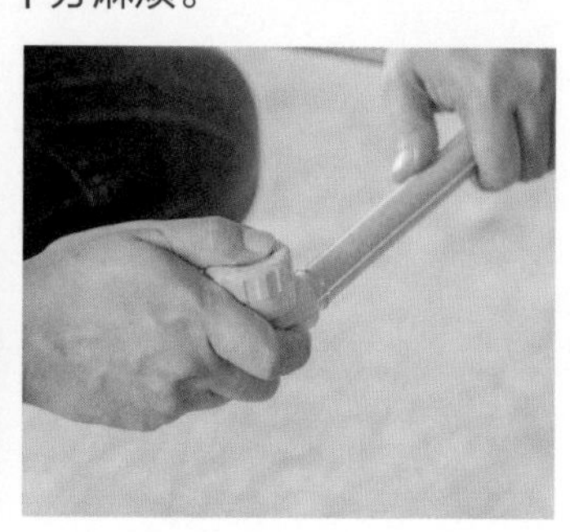

↑PP-R管热熔后冷却5～7s

★PP-R管的鉴别与选购

目前，我国各地都有生产PP-R管的厂家，产品系列特别复杂，在选购时需要注意识别管材的质量。

步骤1 观察管材外观

仔细查看管材、管件的外观，管材与配件的颜色应基本一致，内外表面应该光滑、平整、无凹凸、无气泡，不应该有可见杂质。管材与各种配件应该不透光，多为本白、瓷白、灰、绿、黄、蓝等颜色。

步骤2 测量管材相关尺寸

测量管材、管件的外径与壁厚，对照管材表面印刷的参数，看看是否一致，观察管材的壁厚是否均匀，这会影响管材的抗压性能。如果经济条件允许，可以选用S3.2级与S2.5级的产品。

步骤3 检查管材外部包装

仔细查看PP-R管的外部包装，优质品牌产品的管材两端应该有塑料盖封闭，防止灰尘、污垢污染管壁内侧，且每根管材的外部均有塑料膜包装，可以用鼻子对着管口闻一下，优质、健康的产品不会有任何气味。

←测量管壁。将游标卡尺的卡钳伸入到PP-R管中，夹紧至无缝隙，并得出相应尺寸，一般需人工读取尺寸，精确度较高

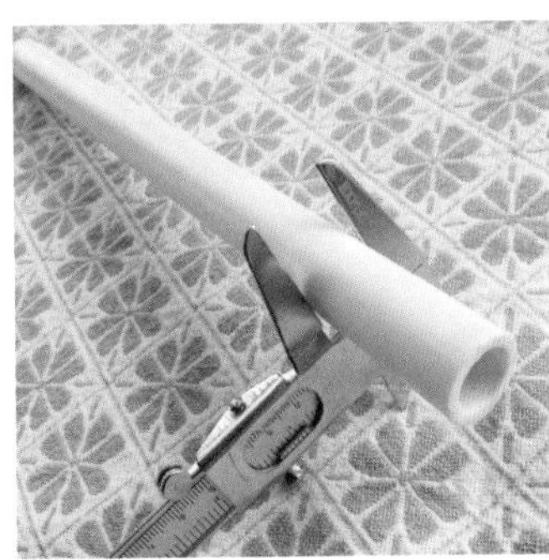

→测量管径。使用游标卡尺卡住PP-R管，使其外管完全与游标卡尺的卡钳贴合，卡尺上的尺寸即为PP-R管管径大小

步骤4 查看配套接头配件

观察配套接头配件，尤其是带有金属内螺的接头，其优质产品的内螺应该是不锈钢材或铜材。如果对管材的质量有所怀疑，可以先购买1根让施工人员安装，或用打火机燃烧管壁，检查质量是否达标。

↑火烧。用打火机沿着PP-R管的外管壁进行加热，观察管壁是否有掉渣现象或产生刺激性的气味，如果没有则说明PP-R管质量不错

↑触摸接缝。用手触摸PP-R管的金属配件，金属与外围管壁的接触应当紧密、均匀，不会存在任何细微的裂缝或歪斜，且每个配件均有塑料袋密封包装

★PP-R管的安装施工

↑检查管件与管道是否配套

↓在安装部位精确测量数据

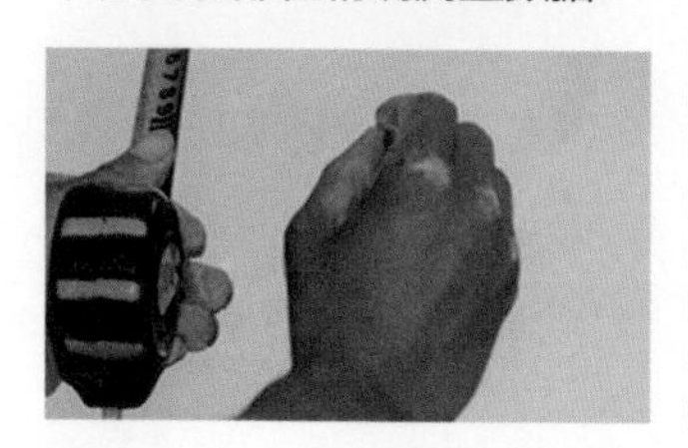

PP-R管的应用质量还在于安装施工，施工时一定要谨慎有耐心。

步骤1 检查配件

PP-R管及配件进场后，由业主和工人一起验收。水管要选择大品牌的，要谨防假冒产品，有防伪标志的可电话查询真假，产品的合格证书以及其他证件必须齐全。

步骤2 控制好安装间距

PP-R管在安装时必须注意在安装冷热水管时应左热右冷，为了确保安装顺利进行，可以用铅笔标出上下金属管卡的位置，两点间的间距不小于800mm，然后用电锤在定位点上打眼。

↓管道热熔时间要把握得当，时间过短或过长都会造成熔接质量不佳，最终导致管材弯曲或破裂

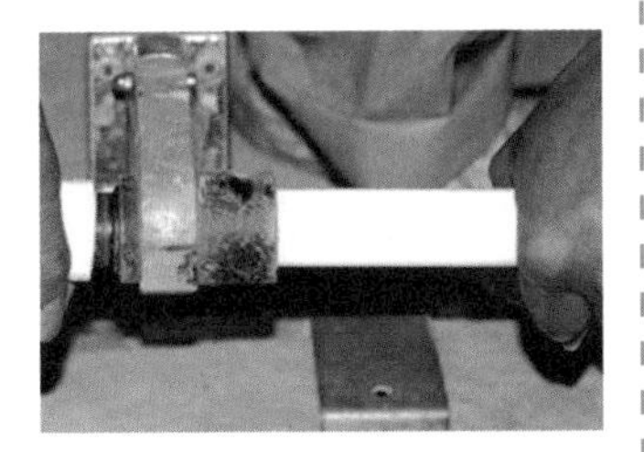

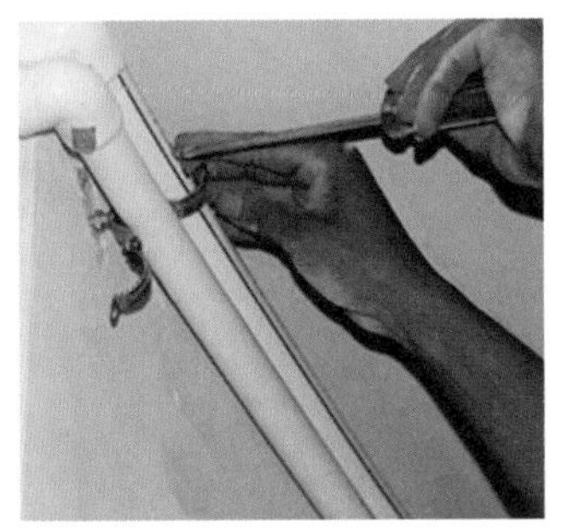

↑使用管卡将装配好的管道固定在墙顶面

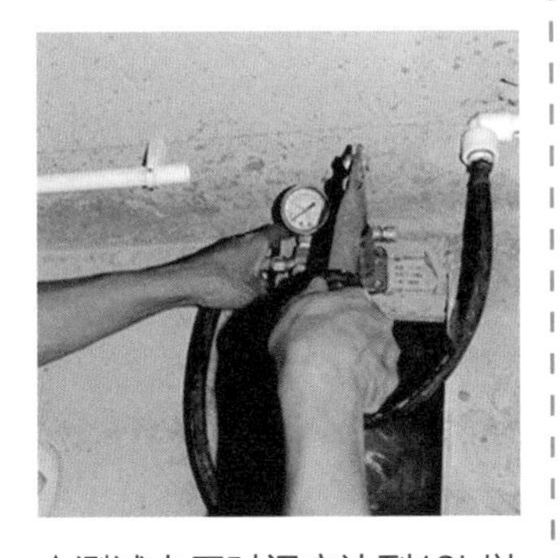

↑测试水压时间应达到12h以上，确定无渗漏为合格

步骤3　钉螺丝

在确定好的孔眼内钉上木楔子之后，再在木楔上钉入金属管卡的螺钉，一定要将螺钉紧密钉入木楔中，防止PP-R管松动。

步骤4　PP-R管热熔

根据测量好的尺寸进行热熔，温度控制在260℃，温度太高很容易将管壁烫变形，记住要在热熔后5～7s内迅速将水管与管头接合，以此保证熔结圈可以结合紧密。

步骤5　安装PP-R管

安装接合好的PP-R管时，要逐个用螺钉刀拧紧管卡，由于转角处是受力点，管口一定要拧牢固。

步骤6　测压

水管安装完毕，将所有堵头封好，用试压泵测水压为8～10MPa，半小时后看压力表，正常的情况下水压会回落0.05MPa，此为合格。如果不合格则很可能管材有问题，或管材连接不紧密。

步骤7　后期处理

在堵头处缠上生料带，可防止漏水，再将堵头拧紧。此外，嵌入墙体、地面的管道应进行防腐处理并用水泥砂浆进行保护。

步骤8　验收

PP-R管安装完全结束后，由业主或工程监理验收整个水管的铺设工程，水管铺设应该横平竖直、牢固，验收过程中还需确认冷、热水管之间的间隔是否达标，水管是否出现渗漏现象。

★选材小贴士

PP-R管安装注意事项

①PP-R管布设后要标出管道位置，由于PP-R管较金属管硬度低、刚性差，在搬运和施工中应加以保护，避免不适当的外力对其造成机械损伤，且暗敷后还要标出管道位置，以免二次装修破坏管道。

②在安装过程中需要注意，PP-R管在5℃以下存在一定的低温脆性，冬季施工切管时要用锋利的刀具缓慢切割。对于已经安装的管道不能重压、敲击，对于易受外力破坏的部位应当覆盖保护物。

③PP-R管长期受紫外线照射易老化降解，安装在户外或阳光直射处必须包扎深色防护层。

④PP-R管道安装后必须给水试压，冷水管试压压力为常规水压的1.5 倍，应不小于0.8MPa，热水管试验压力为常规水压的2倍，应不小于1.2MPa。PP-R 管明敷或非直埋敷时，必须安装支架、吊架、卡口件等配件。

供水管一般在地面以下高度布置安装，要做好维护，避免后续施工对管道造成破坏，如果条件允许，应当安装在室内空间顶面，如果发生泄漏可以随时查看维修。此外，给地面留出更多空间用于布置排水管道并制作防水层，这是目前水路装修的基本原则。

↑PP-R管施工现场（一）

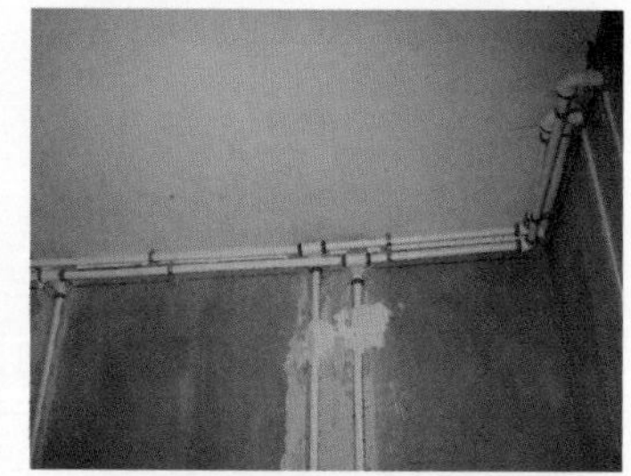

↑PP-R管施工现场（二）

↑PP-R管运输

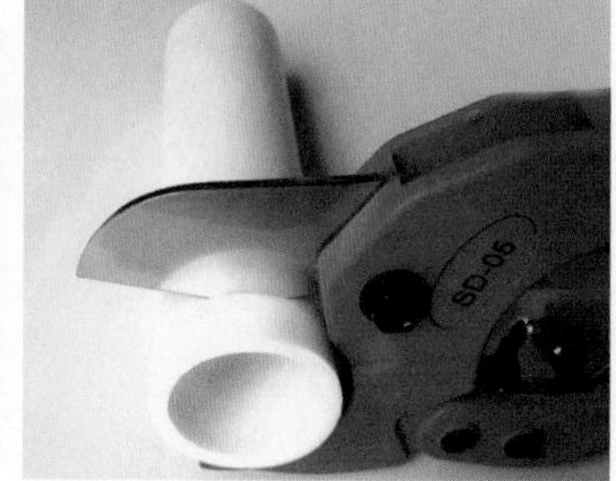

↑PP-R管裁切

1.2 PVC排水管

PVC管全称为聚氯乙烯管，是用热压法挤压成型的塑料管材。PVC管的抗腐蚀能力强、易于粘接、价格低、质地坚硬，适用于输送温度≤45℃的排水管道，是当今被广泛应用的一种健康的合成管道材料。

PVC材料可以分为软PVC与硬PVC，其中硬PVC约占市场的70%，软PVC约占30%。软PVC的物理性能较差，所以其使用范围受到了限制，一般用于地板、顶棚以及皮革的表层，或用于制作软PVC管材，用于局部补充或制作临时排水管，但软PVC中含有增塑剂，这也是软PVC与硬PVC的区别。硬PVC不含增塑剂，可以制成管材，其又被称为UPVC管或PVC-U管，代表大部分PVC管产品。硬PVC管容易成型，物理性能佳，因此具有很大的应用价值。

↑软PVC管

PVC管具有良好的水密性，无论采用粘接还是橡胶圈螺旋连接，均具有良好的水密性。此外，PVC管不是营养源，因此不会受到啮齿类动物，如老鼠等的破坏。在家居装修中，PVC管主要用于生活用水的排放管道，安装在厨房、卫生间、阳台、庭院的地面下，由地面向上垂直预留100～300mm，待后期安装完毕再根据需要裁切。PVC管规格有ϕ50mm、ϕ75mm、ϕ110mm、ϕ130mm、ϕ160mm、ϕ200mm等。

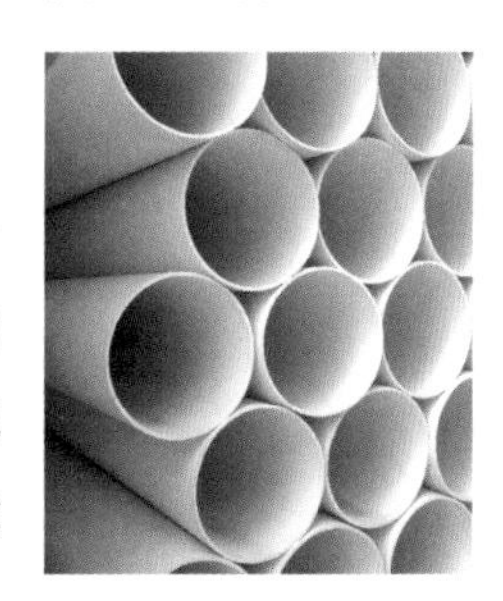

↑硬PVC管

大部分PVC管的管壁厚1.5～5mm，较厚的管壁还被加工成空心状，隔声效果较好。

ϕ40mm～ϕ90mm的PVC管主要用于连接洗面台、浴缸、淋浴房、拖布池、洗衣机、厨房水槽等排水设备。

ϕ110mm～ϕ130mm的PVC管主要用于连接坐便器、蹲便器等排水设备。

ϕ160mm以上的PVC管主要用于厨房和卫生间的横、纵向主排水管的连接。

以ϕ75mm的PVC管为例，外部为ϕ75mm，管壁厚2.3mm，长度一般为4m，价格为8～10元／m。此外，PVC管还有各种规格、样式的接头配件，价格相对较高，是一套复杂的产品体系。

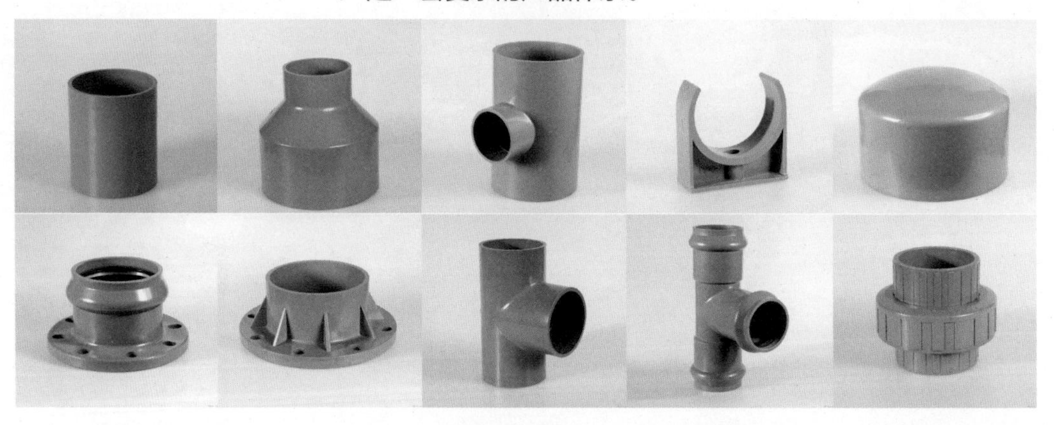

↑PVC管配件。PVC管的配件和PP-R管的配件类似，配件的尺寸同样要控制好

★PVC硬管的鉴别与选购

目前，我国各地都有生产PVC管的厂家，同类型产品特别多，虽然PVC管在家居装修中用量不大，但是装修业主在选购时要注意识别管材的质量。

步骤1 看表面色泽

仔细观察PVC硬管表面的颜色，优质的产品一般为白色，管材的白度应该高且不刺眼。至于市场上出现的浅绿色、浅蓝色等有色产品多为回收材料制作，强度与韧性均不如白色产品的好。

选购PVC管以白色或灰色产品为宜，一般不要选用五颜六色的产品，以免买到废旧料回收制品。

步骤2 测量相关尺寸

仔细测量PVC管的管径与管壁尺寸，并与包装袋上的参数进行对比，看看是否与标称数据一致。

↑测量管径。测量管径时要注意卡扣的松紧度，不要夹太紧导致PVC管变形，从而导致测量错误

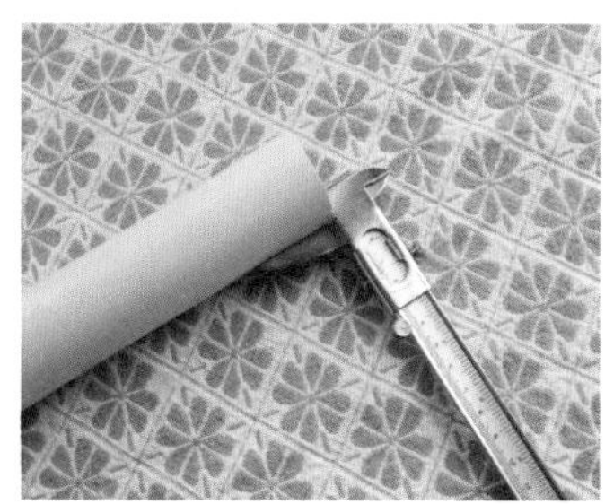

↑测量管壁。测量管壁之前要确认清楚该PVC管的规格，再将测量出的管壁尺寸与之进行对比

步骤3 检测硬度

用手挤压PVC管材，优质产品不会发生任何变形，如果条件允许，还可用脚踩压，不开裂、不破碎的为优质产品。

步骤4 观察横截面

可以用美工刀削切PVC管的管壁，优质产品的截面质地一般都很均匀，削切过程中也不会产生任何不均匀的阻力。

↑脚踩。取小段PVC管样品，在光线充足的情况下用脚轻轻踩压PVC管材，注意控制好下脚的力度，不会轻易开裂的为优质品

↑美工刀削切。取小段PVC管样品，用美工刀横切管材，仔细观察管材的横截面，并感受裁切的难易程度，截面平滑，切割无明显阻力的为优质品

步骤5 日光暴晒

可以先根据需要购买一段管材，放在高温日光下暴晒3~5天，如果表面没有任何变形、变色，说明质量较好。

步骤6 检查配件贴合度

观察配套接头配件，接头部位应当紧密、均匀，不能有任何细微的裂缝、歪斜等不良现象，管材与接头配件均应该用塑料袋密封包装。

★PVC软管的鉴别与选购

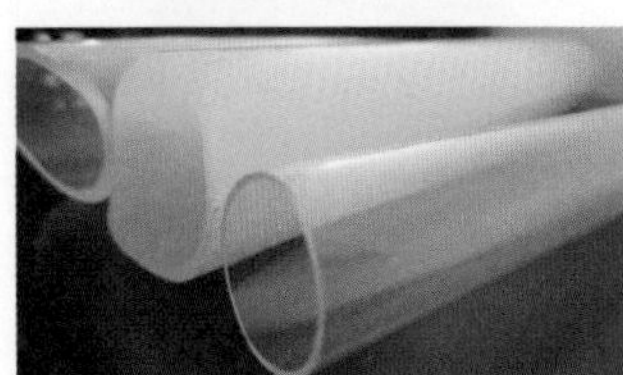

↑全透明管能看到水流状态

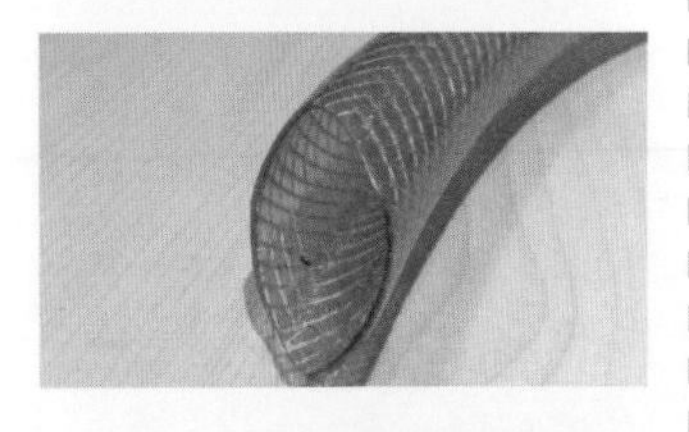

↑带纤维网的软管抗压强度高

↑火烧应当不产生黑烟

步骤1 看白度和光泽度

如果PVC软管在生产过程中杂料、回收料添加过多，制成管材就会发黑、发黄，影响PVC软管的品质。

步骤2 观察厚度和抗摔性

根据管材上的标识文字，查看PVC软管管壁厚度是否均匀一致。如果对产品质量要求较高，可以用力摔打PVC软管，查看PVC软管的韧性。容易摔碎的PVC软管一般是高钙产品，质地很脆。

步骤3 检测耐候性

将PVC软管拿到高温高光的地方放置几天，观察表面变化率，表面变化越小的PVC软管耐候性越强。

步骤4 看材料

可取同样口径、壁厚、长度的两根管材进行重量的比较，重量高的PVC软管钙粉、杂质添加过多，材料不纯，达不到要求。

★选材小贴士

复杂的PVC配件

PVC管还有各种规格、样式的接头配件，价格相对较高，是一套复杂的产品体系。所以在选购时要特别注意识别，认清各个配件的作用。

PVC管的应用质量还体现在于安装施工上，一般采用粘接的方式施工。粘接PVC管时，须将插口处打磨成倒小圆角，以形成坡度，并保证断口平整且轴线垂直一致，这样才能粘接牢固，避免漏水。

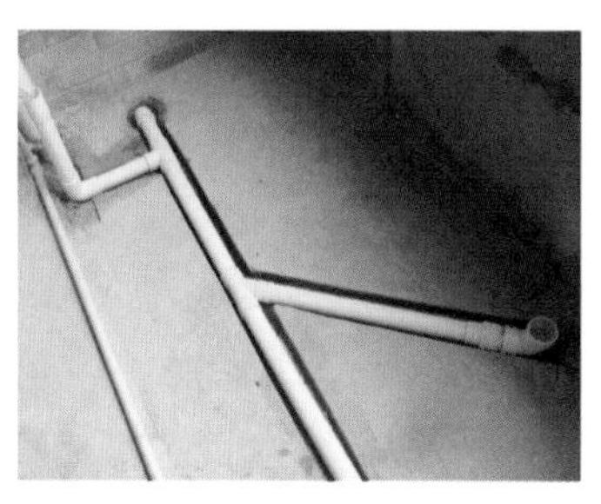

↑PVC管安装

↑PVC管防火圈

★选材小贴士

如何更好地选用PVC管

要能更好地避免PVC管漏水，必须考虑到以下问题。

1.选择合适的尺寸

当选购的硬PVC管尺寸大于所需要的尺寸时，黏结剂涂刷后，会导致间隙太小，只能插入一部分，导致硬PVC管试压时脱节漏水；当选购的硬PVC管尺寸小于所需要的尺寸时，间隙会过大，如果仅依靠黏结剂去填补缝隙，会导致PVC管粘接不紧密，也会导致脱节漏水。因此选购的硬PVC管深度应为规定深度的三分之一到一半，管材、管件也应有合适的配合间隙，以此保证PVC管获得良好的粘接效果，避免漏水现象发生。

2.规范堆放

堆放硬PVC管必须按技术规程操作，如果堆放不规范或者长期堆放过高，会造成PVC管承口部位变成椭圆形，导致连接不紧密或者局部间隙过大，PVC管粘接后，剪切强度也会有所降低，从而导致硬PVC管漏水。

★选材小贴士

安装PVC管应注意的细节

1.选择符合要求的黏结剂

黏结剂是由过氯乙烯树脂与其它有机溶剂按一定的比例制成的，使用不符合要求的黏结剂会导致漏水现象的发生。

2.预留合适的固化时间

根据黏结剂的特性及相关规定，安装硬PVC管时，要使用黏结剂粘接，粘接后需要预留48h充分固化养护PVC管，等PVC管完全固化后再用螺栓固定继续施工。

★PVC管的安装施工

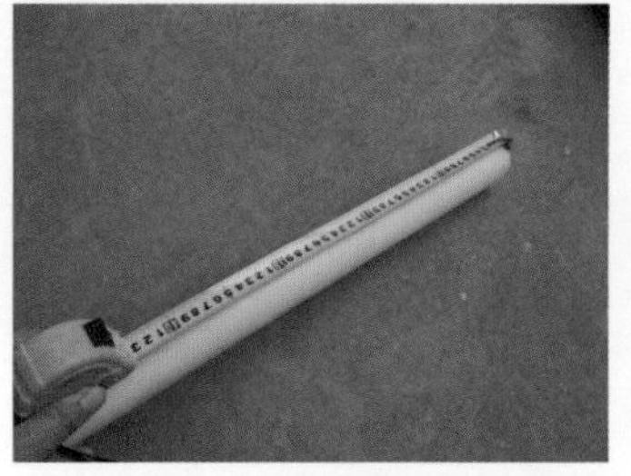

↑测量尺寸。使用卷尺测量PVC管的各项尺寸，确保所选的PVC管尺寸符合要求

↑切割。使用切割机慢慢对PVC管进行切割，以免速度过快导致PVC管碎裂

↑打磨。选用合适的砂纸打磨刚刚切割过的PVC管，直至表面光滑且手触碰时无明显的刺痛感

↑涂胶。先清理PVC管表面，再用小刷子蘸取适量的胶黏剂涂刷PVC管口四周，注意涂刷均匀

1.3 CPVC 供水管

CPVC冷、热水管是一种新型工程塑料管材，CPVC树脂是由聚氯乙烯（PVC）树脂氯化改性制得，该产品为白色或淡黄色无味、无臭、无毒的疏松颗粒或粉末，是一种比较健康的管材。

PVC树脂经过氯化后，分子间的不规则性增加，极性增加，使树脂的溶解性增大，化学稳定性增加，从而提高了材料的耐热、耐酸、耐碱、耐盐、耐氧化剂等性能。氯含量由56.7%提高到63%～69%，树脂的软化温度由72～82℃提高到90～125℃，最高使用温度可达110℃，长期使用温度为95℃。

CPVC冷、热水管输送冷水、热水及腐蚀性介质时，在不超过100℃时可以保持足够的强度，而且在较高的内压下可以长期使用。CPVC的重量是黄铜的16%，钢的20%，且有极低的导热性，因此采用CPVC制造的管道，重量轻，隔热性能好，无需保温。

↑CPVC供水管（一）

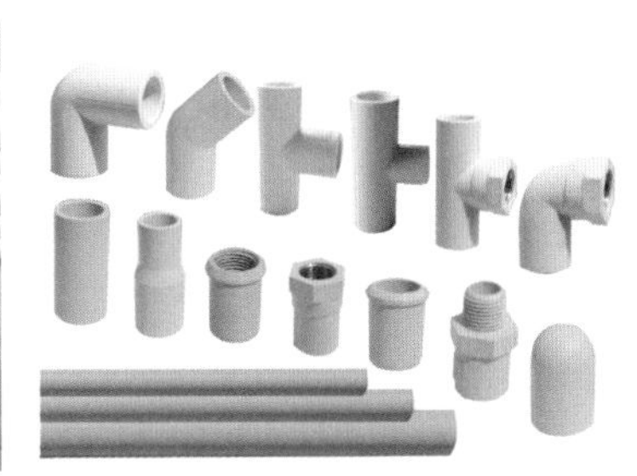

↑CPVC供水管（二）

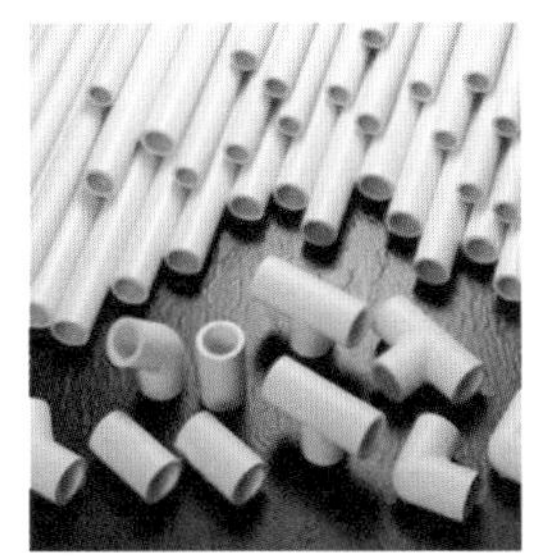

↑CPVC供水管（三）

1.4 铝塑复合管

铝塑复合管又被称为铝塑管，是一种中间层为铝管，内外层为聚乙烯或交联聚乙烯，层间采用热熔胶黏合而成的多层管，具有聚乙烯塑料管耐腐蚀与金属管耐高压的双重优点。

铝塑复合管是市面上较为流行的家居装修管材，按用途可以分为普通饮用水管、耐高温管、燃气管等多种。用于普通饮用水的铝塑复合管标有白色L的标识，适用于生活用水、冷凝水、氧气、压缩空气等；用于耐高温的铝塑复合管标有红色R的标识，主要用于长期工作水温约为95℃的热水及采暖管道系统；用于燃气的铝塑复合管标有黄色Q的标识，主要用于输送天然气、液化气、煤气，能经受住较高工作压力，使气体（氧气）的渗透率为零，且管材较长，可以减少接头，避免渗漏，健康安全。

↑铝塑复合地暖管安装

↑铝塑复合燃气管

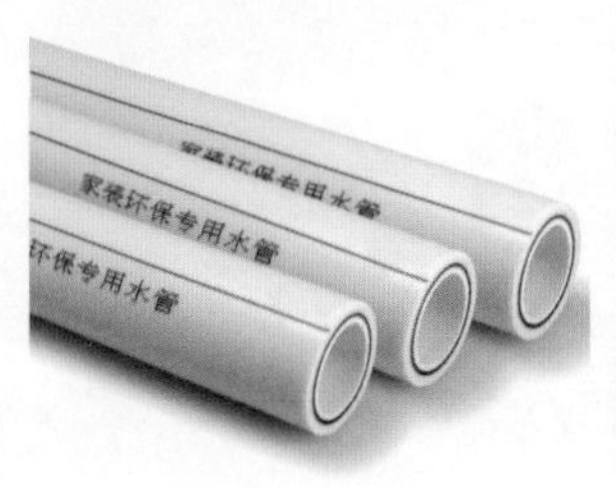

↑铝塑复合给水管

↑铝塑复合给水管安装

铝塑复合管的常用规格有1216型与1418型两种。其中1216型管材的内径为ϕ12mm、外径为ϕ16mm，1418型管材的内径为ϕ14mm、外径为ϕ18mm，长度均为50m、100m、200m。

★铝塑复合管的鉴别与选购

步骤1 确定好用途

在选材之前要依据用途选购，如果只用来输送冷水，则可使用非交联铝塑复合管；如果用于供应、排放热水，则需选用内外层交联的铝塑复合管。

步骤2 观察外观

在选购时，要注意识别管材的质量。优质的铝塑复合管表面色泽与喷码均匀，无色差，中间铝层接口严密，没有粗糙的痕迹，且内外表面光洁平滑，无明显划痕、凹陷、气泡等痕迹。

步骤3 检测平滑度

根据实际条件，垂直裁切一段铝塑复合管，用手指伸进管内，优质铝塑复合管的管口应当光滑，没有任何纹理或凸凹，裁切管口也没有毛边。

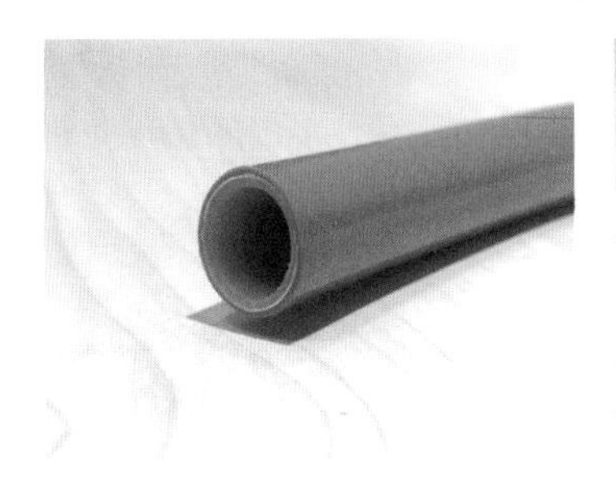

↑优质铝塑复合管外观。优质铝塑复合管表面光滑，从截面上可以看到外、中、内三层结构清晰，其中铝层应厚0.5mm

↑手指触摸管材内壁。优质管材应当光滑，无阻力

↑切割铝塑复合管。可用小刀割开铝塑复合管的最外层，观察外侧的塑料层是否与紧挨着的铝层连接紧密，优质铝塑复合管铝层和塑料层粘接紧密，很难分开

步骤4 检测抗打击能力

可用铁锤等较为坚硬的器物敲击铝塑复合管，如若管材表面出现弯曲甚至破裂现象，则该铝塑复合管为劣质产品；如果撞击面变形后不能恢复，则为一般质地产品；变形之后可即刻恢复至原形者，为优质铝塑复合管。

步骤5 观察配套接头配件

仔细观察铝塑复合管的接头配件，各种规格的接头与管壁的接触应当紧密、均匀，没有任何细微的裂缝、歪斜等不良现象，管材与接头配件均有塑料袋密封包装，其中金属接头应为不锈钢或铜质产品。

↑铁锤用力敲击

↑铝塑复合管管件

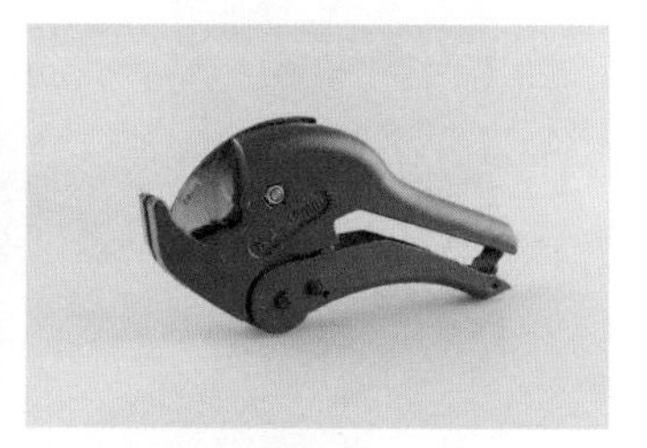

↑铝塑复合管剪钳

步骤6 观察铝层

在铝塑复合管中，铝层位于中间，在选购过程中，可选取一小段铝塑复合管样品，仔细观察铝塑复合管的铝层；为了保证实际的使用效果，在铝层的搭接处，优质的铝塑复合管会有焊接，而劣质的铝塑复合管则没有焊接。

★选材小贴士

铝塑复合管渗漏

铝塑复合管作为给水管道，虽然有足够的强度，但是当管面横向受力过大时，会影响其强度，尤其是当铝塑复合管作为热水管使用时，由于长期的热胀冷缩，管内空间压缩，气压的变化会造成铝塑复合管的管壁错位，从而导致渗漏事故的发生。

1.5 铜塑复合管

铜塑复合管又被称为铜塑管，是一种将铜水管与PP-R采用热熔挤制、胶合而成的给水管。铜塑复合管的内层为无缝纯紫铜管，外层为PP-R，保持了PP-R管的优点，与PP-R管的安装工艺相同，施工便捷。

相比铜水管，铜塑复合管具有价格和安装上的优势。相比PP-R管，铜塑复合管更加节能、环保、健康。因为在家居生活用水中，水在PP-R管内会长时间滞留，如果使用不合格的PP-R原料甚至使用回收再生材料所生产的管材，会导致有害物质分子溶于水中，其危害甚大。

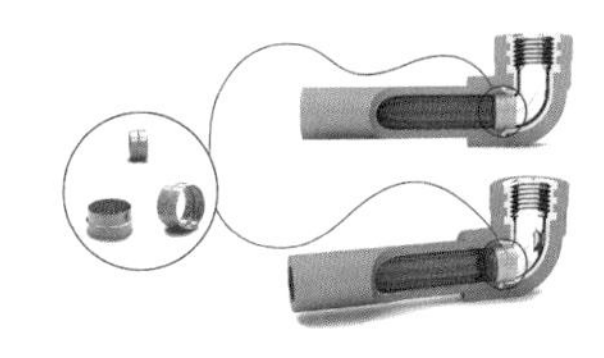

↑铜塑复合管与配套管材。铜塑复合管具备一定的抑菌能力，同时导热性能也十分优异，但价格较高

在现代家居装修中，铜塑复合管适用于各种冷、热水给水管，由于价格较高，还没有全面取代传统的PP-R管。铜塑复合管一般为ϕ20mm、ϕ25mm、ϕ32mm等。不同厂家的产品其管壁厚度均不相同，但是管材的抗压性能比PP-R管要高很多。以ϕ25mm的铜塑复合管为例，管壁厚4.2mm，其中铜管内壁厚1.1mm，长度一般为3m，价格为30元/m。

↑铜塑复合管构造。接头采用紫铜或黄铜作为内嵌件，外部加注PP-R材料，可进行简便的热熔连接

★铜塑复合管的鉴别与选购

步骤1 观察外观

选购铜塑复合管时，要注意识别产品的质量，优质管材、配件的颜色应该基本一致，内外表面应该光滑、平整，无凹凸、无气泡与其他影响性能的表面缺陷，不应该含有可见的杂质。

步骤2 测量尺寸

测量管材、管件的外径与壁厚，对照管材表面印刷的参数，看是否一致，尤其要注意管材的壁厚是否均匀，这将直接影响管材的抗压性能。

↑触摸内壁。可以用手指伸进管内，优质管材的管口应当光滑，没有任何纹路，裁切管口无毛边

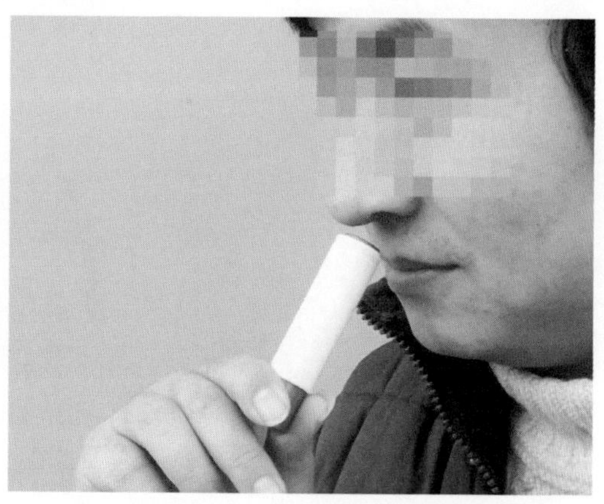

↑闻管口。可裁切一小段铜塑复合管，在适当的距离内，用鼻子闻管口，优质品不会有异味

步骤3 观察外部包装

仔细观察铜塑复合管的外部包装，优质品牌产品的管材两端应该有塑料盖封闭，防止灰尘、污垢污染管壁内侧，且每根管材的外部均配有塑料膜包装。

步骤4 检查配件

观察配套的接头配件，接头配件应当为优质紫铜，每个接头配件均有塑料袋密封包装。如果对管材的质量标识有疑虑，可先买一根让施工人员安装，热熔时观察是否出现掉渣现象或产生刺激性气味，如没有则说明质量不错。

1.6 不锈钢管

不锈钢管是采用304型或316型不锈钢制作的给水管材，是目前最高档的给水管，可直接输送饮用水。

不锈钢管与铜管相比，内壁更光滑，通水性更高，在流速高的情况下不腐蚀，长期使用不会积垢，不易被细菌玷污，无须担心水质受影响，更能杜绝自来水的二次污染，它的保温性也是铜管的20倍。在现代家装中，不锈钢管刚刚开始流行，目前不锈钢水管在各种材质水管中的性价比最优，可以用于各种冷水、热水、饮用净水、空气、燃气等管道系统。

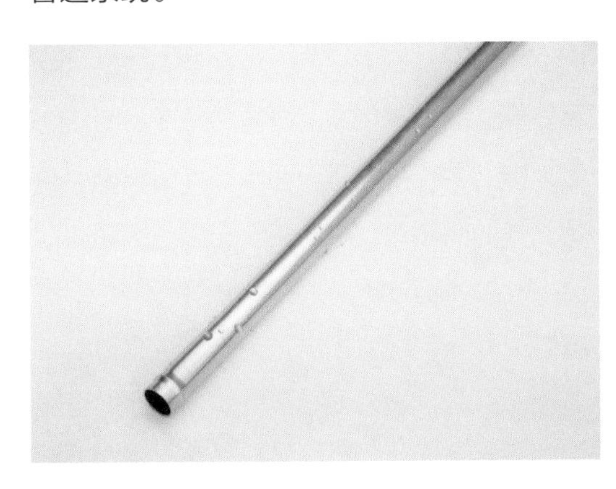

↑不锈钢管

↑不锈钢管连接

不锈钢管的规格的表示主要分为外径（DN）与壁厚（EN），单位均为mm。不锈钢管的外径一般为ϕ20mm～ϕ65mm，其每种规格管材的内壁厚度也有多种规格。不锈钢管长度为6m，以ϕ25mm的不锈钢管为例，其内壁厚度有0.8mm、1mm等多种，其中壁厚1mm的产品抗压性能可以达到3MPa，价格为30～40元／m。此外，不锈钢管还有各种规格、样式的接头配件，价格相对较高，是一套复杂的产品体系。

★不锈钢管的鉴别与选购

不锈钢管价格较高，选购时要注意识别质量，要特别注意识别不锈钢的材质属性。

步骤1 观察外观

在选购不锈钢管时要注意识别产品质量，观察管材、管件外观，所有管材、配件的颜色应该基本一致，内外表面应光滑、平整、无凹凸、无气泡、无其他影响性能的表面缺陷，不应含有可见杂质。

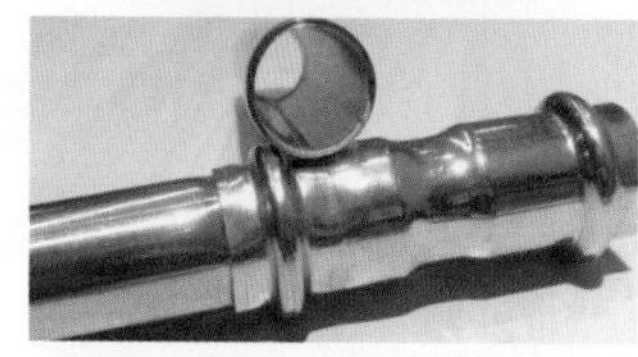

↑观察管壁

步骤2 测量管材

测量管材、管件的外径与壁厚，对照管材表面印刷的参数，看是否一致，尤其要注意管材的壁厚是否均匀，这将直接影响管材的抗压性能。

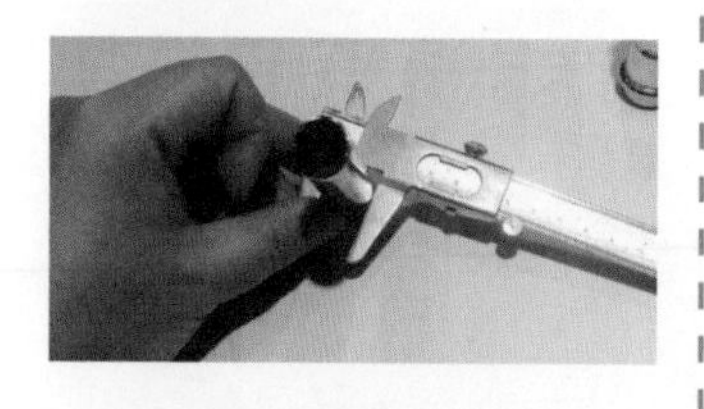

↑测量管材

步骤3 关注管壁

可以用手指伸进管内，优质管材的管口应当光滑，没有任何纹理或凸凹，裁切管口应无毛边。

步骤4 查看配件

观察配套接头配件，不锈钢管的接头配件应当为固定配套产品，且为同等型号的不锈钢，每个接头配件均有塑料袋密封包装。

↑不锈钢管配件

步骤5 材质属性

购置不锈钢属性测试剂，滴在干净的不锈钢表面，根据测试剂上的说明，判定是否属于3系列或4系列产品，2系列不锈钢产品是不能用于生活用水给水管的。

1.7 镀锌管

镀锌管是最传统的给水管，在普通钢管的表面镀上锌可以用于防锈。在家居装修中，镀锌管多用于煤气管、暖气管或庭院的给水管。镀锌管利用其金属材料的强度，可用于穿越楼板、墙体的管道安装，避免管道破损，延长使用寿命。

目前，镀锌管不再作为室内生活水管连接使用，多用于煤气管、暖气管或户外庭院的给水管。之所以会出现此情况是因为其使用几年后，管内会产生大量锈垢，流出黄水污染洁具，夹杂细菌，造成水中重金属含量高，会严重危害人体健康。

镀锌管的规格很多，主要有ϕ20mm、ϕ25mm、ϕ32mm、ϕ40mm、ϕ50mm等，其每种规格的内壁厚度也有多种规格。以ϕ25mm的镀锌管为例，其内壁厚度为1.8mm、2mm、2.2mm、2.5mm、2.75mm、3mm、3.25mm等多种，其中壁厚2.5mm的产品抗压性能可以达到3MPa，价格为20～25元/m。

→镀锌管应用

→镀锌管配件

★镀锌管的鉴别与选购

虽然镀锌管不用作生活饮用水管，但是用于固定燃气管和户外灌溉水用管，选购时仍要注意产品质量。

步骤1 观察外观

选购镀锌管的关键在于表面的镀层厚度与工艺，优质产品的表面比较光滑，无明显毛刺、无扎手感，且不会存在黑斑、气泡或粗糙面。

步骤2 观察截面

镀锌管的截面厚度应当均匀、饱满、圆整，不应该存在变形、弯曲、厚薄不均等现象。此外，不能购买已经生锈的管材，否则安装使用后生锈的面积会更大。

↑测量管径。取镀锌管样品，测量时注意读尺准确，建议多测量几次，查看差值

↑测量内壁。取镀锌管样品，在测量之前要确保管壁内侧无翘起或凹陷现象存在

↑观察镀锌管内侧。取镀锌样品切开，观察镀锌管内部是否有锈垢现象

↑镀锌管连接管件。所选择的管件要能与镀锌管接口完全贴合，连接后可摇晃几下，查看是否会脱落

↑查看镀锌管表面。表面锌层无划痕，色泽一致的属于优质镀锌管，有黑点或色泽不一的为劣质镀锌管

1.8 金属软管

金属软管由波纹柔性管、网套和接头结合而成，在家居装修中，用于各种给水管的末端，将管道与用水洁具连接。

金属软管具有优良的柔软性、耐蚀性、耐高温性（－235～450℃)、耐高压性（最高为32MPa）。金属软管使用的波纹管有两种，一种是螺旋形波纹管，另一种是环形波纹管。此外，我国一些城市已经明令禁止销售普通塑料软管，强制推行使用安全系数较高的金属软管。金属软管不易破裂脱落，更不会因虫鼠咬噬而漏水、漏气，使用寿命较长。

★金属软管的鉴别与选购

↑金属软管配件

↑金属软管

步骤1 观察金属丝

外部金属丝不出挑，不扎手为优质产品，表面不生锈。

步骤2 检测韧性

金属软管弯曲自如，游刃有余，有一定的抗压能力。

1.9 不锈钢波纹管

不锈钢波纹管又被称为不锈钢软管，是一种柔性耐压管材。将304型不锈钢冲压成凸凹不平的波纹形态，可以利用其自身的转折角进行弯曲，安装在给水管末端接头与用水设备之间，能补偿固定给水管长度的不足或位置的不符。

不锈钢波纹管表面包裹着一层阻燃聚氯乙烯材料，颜色通常为白色、灰色、黑色、黄色等，包裹着的一层阻燃聚氯乙烯材料使不锈钢波纹管具有更高的抗拉力、抗破坏、耐压、耐冲击及耐腐蚀性强等特点，并且具有更好的电磁屏蔽功能。

包塑不锈钢波纹管的防水、防油、防腐蚀、密封性更好，产品美观，结构紧密，健康耐用。不锈钢波纹管的规格一般以长度判断，主要有200～1000mm多种，间隔100mm为一种规格，其外径为ϕ18mm左右，具体测量数据根据产品质量存在一定的偏差。常用的长500mm的不锈钢波纹管价格为15～30元／支。

↑不锈钢波纹管

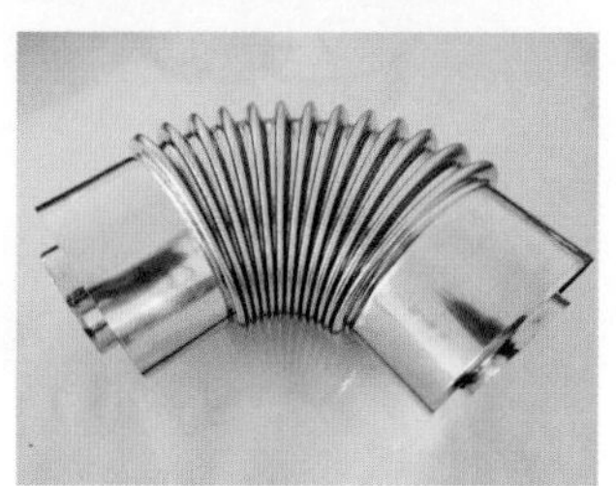

↑不锈钢波纹管管件

↑包塑不锈钢波纹管

★不锈钢波纹管的鉴别与选购

步骤1 观察外观

仔细观察管身表面的波纹形态，优质产品具有波纹均匀、整齐、光亮等效果，波纹节距的间距相等，并观察管身的编制材质是否为不锈钢，不锈钢牌号越高则说明抗腐蚀能力越强。

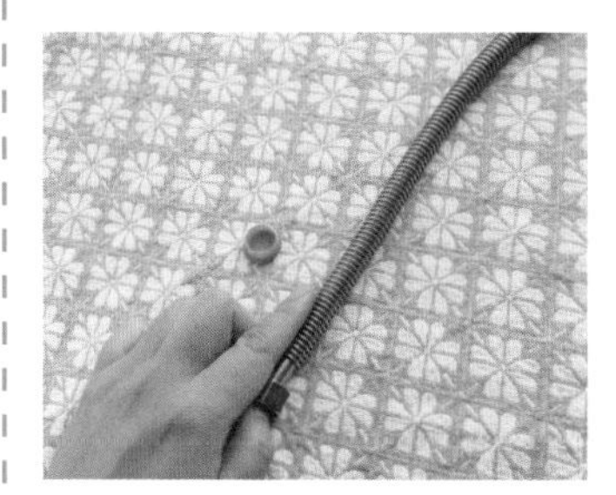

↑触摸表面。用手触摸不锈钢波纹管的管口以及管身部位，感受其波纹是否顺畅无偏差，管口内侧纹路是否均匀等

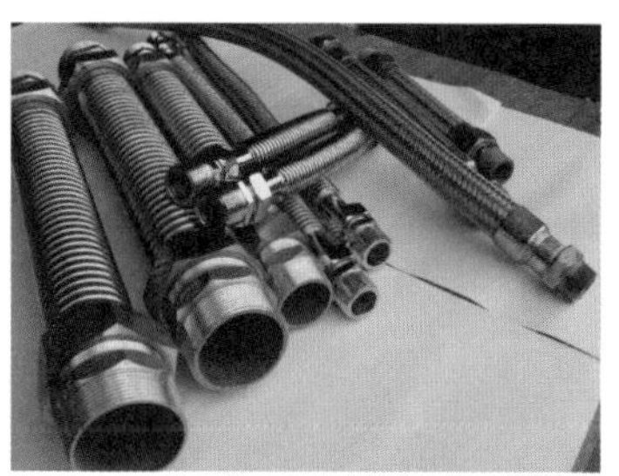

↑试剂检测。可选用不锈钢的检测试剂对不锈钢波纹软管进行检测，一般建议选择304型的不锈钢波纹软管，这类软管质量较好

步骤2 检测质量

观察不锈钢波纹管其他配件材料的质量，如螺帽、内芯是否为不锈钢配件，螺帽的工艺是否是抛光，表面是否有毛刺等，其冲压效果是否粗糙。

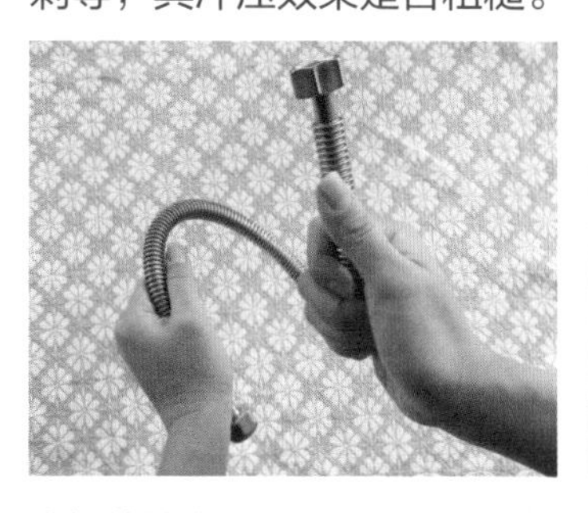

↑扭曲管身。取不锈钢波纹管样品，用手将其弯曲，感受弯曲时手的阻力，不锈钢软管弯曲时管材自身不会产生任何变形、收缩、断裂等现象

↑嗅闻。取不锈钢波纹管样品，在适当的距离内，用鼻子闻不锈钢波纹管的进水口处是否会有刺鼻性气体，垫片与垫圈的含胶量越高刺鼻性就越小，反之则越高

水路管材一览●大家来对比●

品种	性能特点	适用部位	价格
PP-R供水管	质地均衡，缩胀性好，抗压能力较强，无毒害，施工方便，结构简单，价格低廉	室内外供水管道连接	ϕ25mmS5型 8～12元/m
PVC排水管	质地较硬，耐候性好，不变形，不老化，管壁光滑，施工方便，结构简单，价格低廉	室内外排水管道连接	ϕ75mm，管壁厚2.3mm 8～10元/m
CPVC供水管	质地坚固，内壁光滑，抗压性能好，安装简单，连接紧密，价格昂贵	室内外供水管道、直饮水管道连接	ϕ25mm，壁厚1mm 30～40元/m
铝塑复合管	能随意弯曲，可塑性强，抗压性能较好，散热性较好，价格低廉	室内外供水管道、供暖管道连接	约7元/m
铜塑复合管	无污染，健康环保，节能保温，安装复杂，连接紧密，价格昂贵	室内外供水管道、直饮水管道连接	ϕ25mm，管壁厚4.2mm，铜管壁厚1.1mm 30元/m
镀锌管	质地坚固，管壁厚实，抗压性能强，安装复杂，容易生锈，价格低廉	室内外非饮用水给水管道、燃气管道	ϕ25mm，壁厚2.5mm 20～30元/m
不锈钢管	质地坚固，内壁光滑，抗压性能强，安装复杂，连接紧密，价格昂贵	室内外供水管道、直饮水管道连接	ϕ25mm，壁厚1mm 30～40元/m
金属软管	质地较软，可任意弯曲，抗压性能较强，结构简单，容易老化，价格适中	供水管道终端连接用水设备	长600mm 10～15元/支
不锈钢波纹管	质地较硬，可任意弯曲，抗压性能强，结构简单，耐候性好，价格较高	供水、供气管道终端连接用水、用气设备	长600mm 20～30元/支

第2章 电路线材

识读难度： ★★★★☆

核心概念： 电源线、电话线、网路线、音箱线、电视线、PVC穿线管、电路线盒、开关插座

章节导读： 在家居装修中，电路布设面积大，电路施工材料要保证使用安全，一旦损坏会造成严重的后果，由于不能随意拆卸埋设在墙体中的管线设备，故而维修起来较为困难。电路改造准备工作作为装修基本准备工作之一，选购合适的电路管材直接关系到将来居住的舒适程度及安全性能的高低。在选购电路线材时要特别注意质量，除了选用正宗品牌的线材外，还要选择优质的辅材，配合精湛的施工工艺，以保证使用的安全性。

2.1 电源线

电源线是用于传输电能与电讯号的导线。为了防止漏电，电源线外部都具有PVC绝缘层，多数电源线产品需要在施工中组建回路。电源线根据导电用途具有多种规格和型号，在选购时要对号入座。

2.1.1 单股电线

单股线即是单根电线，内部是铜芯，外部包裹PVC绝缘层，需在施工中穿接PVC线管，方可入墙埋设。

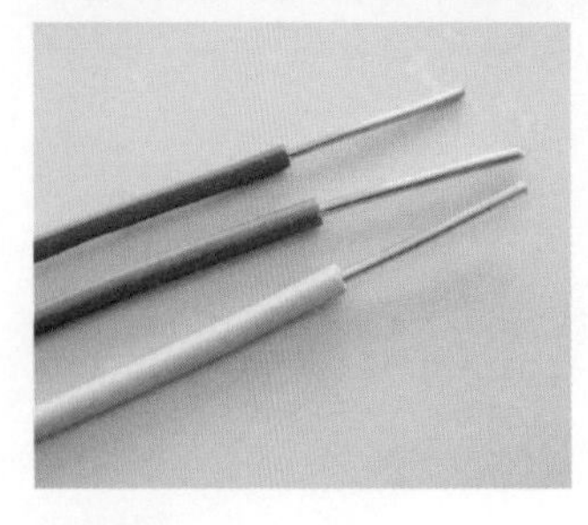

↑单股线

单股线以卷为计量单位，每卷线材的长度标准应为100m。单股线的粗细规格一般按铜芯的截面面积进行划分，一般而言，普通照明用线选用1.5mm²，插座用线选用2.5mm²，热水器、壁挂空调等大功率电器的用线选用4mm²，中央空调等超大功率电器可选用6mm²以上的电线。1.5mm²的单股单芯线价格为100～150元/卷，2.5mm²的单股单芯线价格为200～250元/卷，4mm²的单股单芯线价格为300～350元/卷，6mm²的单股单芯线价格为450～500元/卷，每卷100m。

为了方便施工，还有单股多芯线可供选择，单股多芯线内部的铜芯不是一根，而是多根铜丝，总体截面面积与单芯线是一样的。单股多芯线的粗度略大，其柔软性较好，施工时不容易断裂，但同等规格价格要比单芯线贵10%左右。

★单股线的鉴别与选购

↑单股线包装

为了方便区分，单股线的PVC绝缘套有多种色彩，如红、绿、黄、蓝、紫、黑、白与绿黄双色等，在同一装修工程中，选用电线的颜色及用途应该一致。阻燃PVC线管表面应该光滑，壁厚要求达到手指使劲揉捏但不破的程度。

在家居装修中，单股线的使用比较灵活，施工人员可以根据电路设计与实际需要进行回路组建，虽然需要外套PVC管，但是布设后更安全可靠，是目前中大户型装修的主流电线。

步骤1 看包装

看包装中是否有完整的合格证，合格证上应包括规格、执行尺度、额定电压、长度、日期、厂名厂址等完整信息。

步骤2 检查电线尺寸

选购时要注意查看电线的尺寸，规格为100m的每卷电线长度应不小于98m。

步骤3 查看外观

在选购时要注意，单股线表面应该光滑，不起泡，外皮有弹性，优质电线剥开后铜芯有明亮的光泽，柔软适中，不易折断。

步骤4 检查电线重量

质量好的电线，一般都在规定的重量范围内，例如常用的截面积为1.5mm^{2}的塑料绝缘单股铜芯线，每100m重量为1.8~1.9kg。

←选用截面合适的单股线用于插座面板

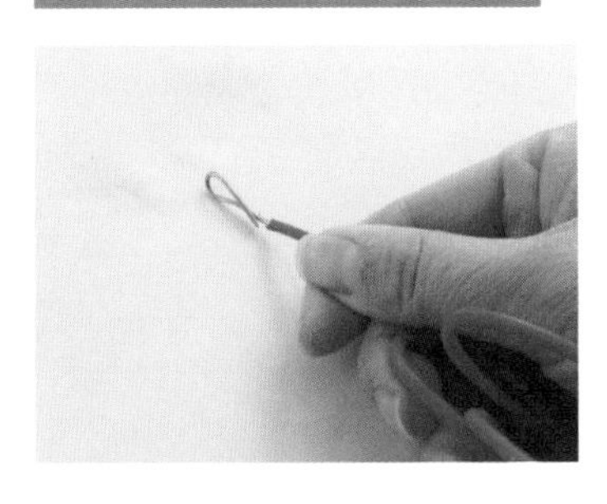

←检测内部杂质。将铜芯在较厚的白纸上反复磨划，如果白纸上有黑色物质，说明铜芯中的杂质较多

→单股线色泽透亮的铜芯

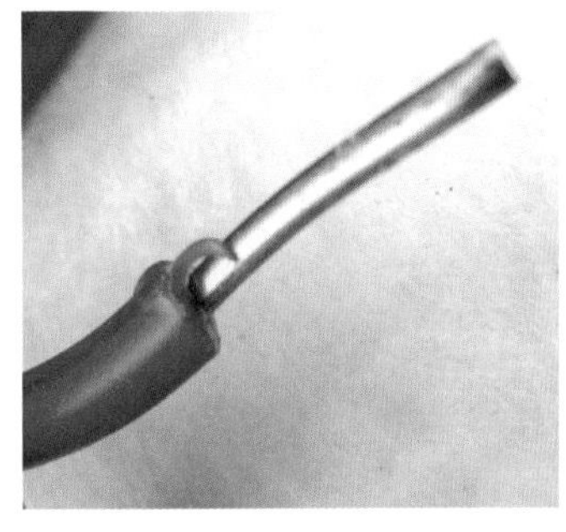

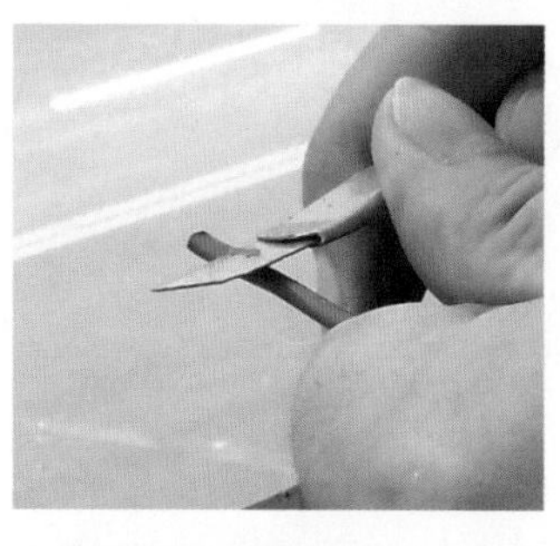

↑使用美工刀削切样品，感受阻力

步骤5 查看表面绝缘胶皮

伪劣电线绝缘层看上去好像很厚实，实际上大多是用再生塑料制成的，只要稍用力挤压，挤压处就会成白色状，并有粉末掉落。

步骤6 选购品牌产品

选购时最好选择信誉良好的品牌产品，品牌商家会更注重质量以及售后服务，不会做过多的虚假宣传。

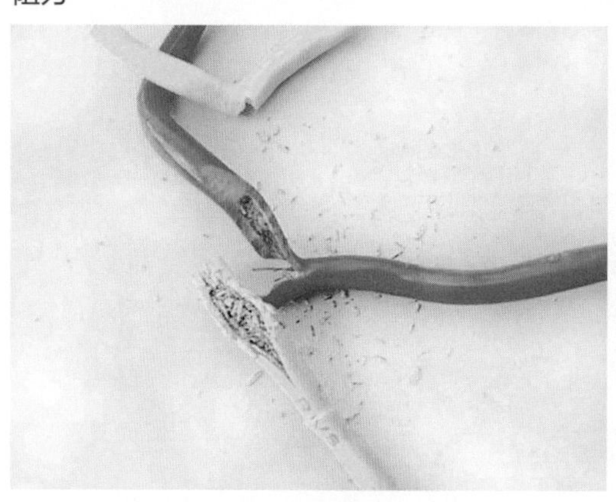

↑破损的绝缘层。取一小段单股线样品，用小锤子敲击或用手部按压表面，注意控制好力度，轻易能够被压损，且绝缘层脆度较高的不建议选购

↑施工现场。单股线的施工要求严谨、细致，需要聘请具有职业资格等级证书的电工进行操作，既能有效避免材料浪费，也能避免发生安全事故

★选材小贴士

电线保养注意事项

①电线在存放过程中要谨防其受潮，受热，受腐蚀或碰伤。

②电线用到一定年限要注意检查，一旦发现有任何故障，必须及时更换。

③电线不要超负荷使用，要记得经常检查家中电气和线路的使用情况，及时进行维护和检修。

④对于老式建筑的线路，如果发现被水淹没或淋湿，又或者是线路年久失修发生老化的，应立即寻求电工帮助，予以抢修。

2.1.2 护套电线

护套电线（护套线）是在单股线的基础上增加了1根同规格的单股线，即成为由2根单股线组合为一体的独立回路，这2根单股线即为1根火线（相线）与1根零线，部分产品还包含1根地线，外部包裹有PVC绝缘套统一保护。PVC绝缘套一般为白色或黑色，内部电线为红色与彩色，安装时可以直接埋设到墙内，使用方便。

★护套线的鉴别与选购

护套电线都以卷为计量单位，每卷线材的长度标准应该为100m。护套线的粗细规格一般按铜芯的截面面积进行划分，一般而言，普通照明用线选用1.5mm^2，插座用线选用2.5mm^2，热水器等大功率电器的用线选用4mm^2，中央空调超大功率电器可以选用6mm^{2}以上的电线。1.5mm^{2}的护套线价格为300～350元／卷，2.5mm^{2}的护套线价格为450～500元／卷，4mm^{2}的护套线价格为800～900元／卷，6mm^{2}的单股单芯线价格为1000～1200元／卷，每卷100m。

步骤1　查看护套线包装

优质的护套线包装上印字清晰，产品的型号、规格、长度、生产厂商以及厂址等信息都十分齐全，且都印有“CCC”标志（3C标志）与“长城”标志。

↑“CCC”标志

↑“长城”标志

步骤2　查看护套线外观

优质护套线表面应该光滑，不起泡，外皮有弹性，且优质护套线表面色泽亮丽，无明显斑点。

↑护套线外说明

↑护套线

↑护套线包装

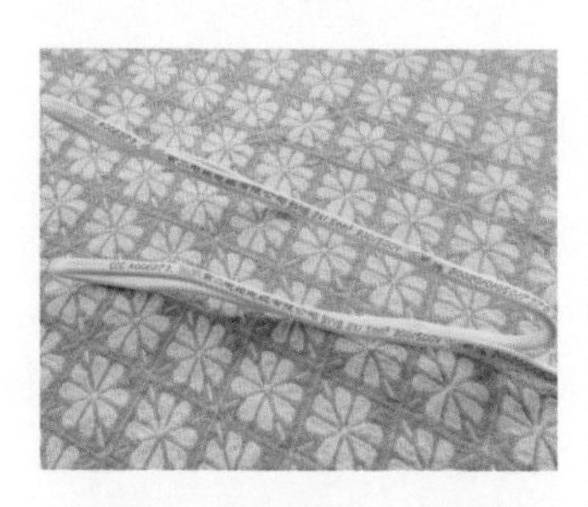

↑电线上文字清晰的为优质品

↑火烧绝缘层。可用打火机燃烧电线绝缘层，优质产品不容易燃烧，离开火焰后会自动熄灭，且无异味

步骤3　看护套线截面

优质的护套线应该是从最外层的护套层到之间的绝缘层，都保持有均匀的厚度，如果有的地方护套很厚，有的地方护套很薄，那么该护套线不合格。

步骤4　测量护套线长度

长度是区别符合国家标准的假冒劣质产品最直观的方法，在国家标准中，护套线每百米误差在±0.5m之内，超过这个数据的都是非标准产品，属于不合格产品。

步骤5　检测柔韧性

优质护套线的颜色较鲜明，手感很好，较软，可用指甲掐一下，观察其表面是否留下很明显的白色的痕迹，没有留下明显痕迹的为优质品。优质护套线的绝缘层厚度、硬度比较适中，拉扯后有弹性；伪劣产品的绝缘层看上去似乎很厚实，实际大多采用再生塑料制成，时间一长绝缘层就会老化进而发生漏电。

步骤6　观察铜芯质地

优质铜芯电线的铜芯应该是紫红色的，有光泽、手感软；伪劣产品的铜芯为紫黑色、偏黄或偏白，杂质较多，机械强度差，韧性不佳，稍用力或多次弯折即会折断，而且电线内常有断线现象。可采用美工刀将电线一端剥开，长约10mm，仔细观察铜芯，用刀切开电线绝缘层时应当感到阻力均匀。

★选材小贴士

护套线的颜色

护套线具有多种色彩，常见PVC绝缘套的颜色多为白色或黑色，内部电线为红色与彩色，在进行安装工程时可以将护套线直接埋设到墙内，使用十分方便。此外，需要注意的是优质产品的重量应该与标称的重量一致，伪劣产品往往是三无产品，这一点要格外注意。

2.2 电话线

电话线是指电信工程的入户信号传输线，主要用于电话通信线路连接。电话线表面绝缘层的颜色有白色、黑色、灰色等，外部绝缘材料采用高密度聚乙烯或聚丙烯。

电话线的内导体为退火裸铜丝，常见的有2芯与4芯两种产品。2芯电话线用于普通电话机，4芯电话线用于视频电话机。内部导线规格主要为ϕ0.4mm与ϕ0.5mm，部分地区根据需要规格为ϕ0.8mm与ϕ1mm。电话线的包装规格为100m / 卷或200m / 卷，其中4芯全铜的电话线的价格为150～200元 / 卷。

★电话线的鉴别与选购

步骤1 选用品牌

由于电话线用量不大，因此一般建议选用知名品牌的产品，以确保质量。

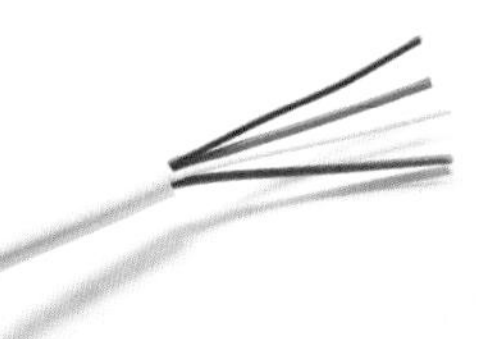

↑4芯电话线

步骤2 观察导线材料

在选购过程中还要关注导线材料，导线应该采用高纯度无氧铜，其传输衰减小，信号损耗小，音质清晰无噪，通话无距离感。

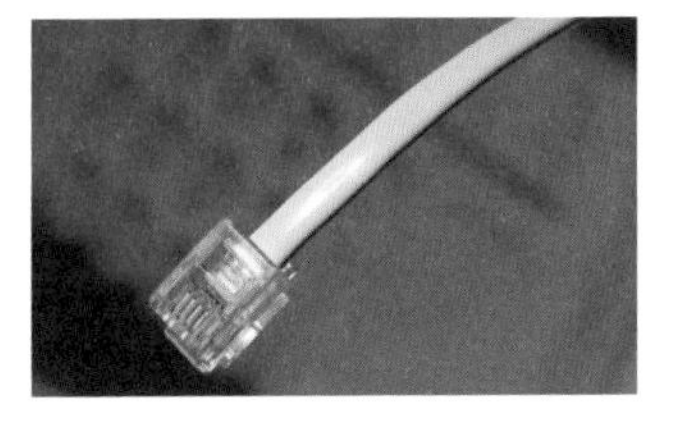

↑电话线接头

2.3 网路线

网路线是指计算机连接局域网的数据传输线，在局域网中常见的网路线主要为双绞线。双绞线是将一对互相绝缘的金属导线互相绞合，用以抵御外界电磁波干扰，每根导线在传输中辐射的电磁波会被另一根导线所发出的电磁波抵消。

目前，双绞线可以分为非屏蔽双绞线与屏蔽双绞线。屏蔽双绞线电缆的外层由铝箔包裹，以减小辐射，但并不能完全消除辐射，价格相对较高，安装时要比非屏蔽双绞线困难；非屏蔽双绞线直径小，节省空间，其重量轻、易弯曲、易安装，阻燃性好，能将近端串扰减至最小，甚至消除。

↑网路线

在家居装修中，从家用路由器到计算机之间的网路线一般应小于50m，网路线过长会引起网络信号衰减，沿路干扰增加，传输数据容易出错，因而会造成上网卡、网页出错等情况，给人造成网速变慢的感觉，目前常用的六类线价格为300～400元/卷。

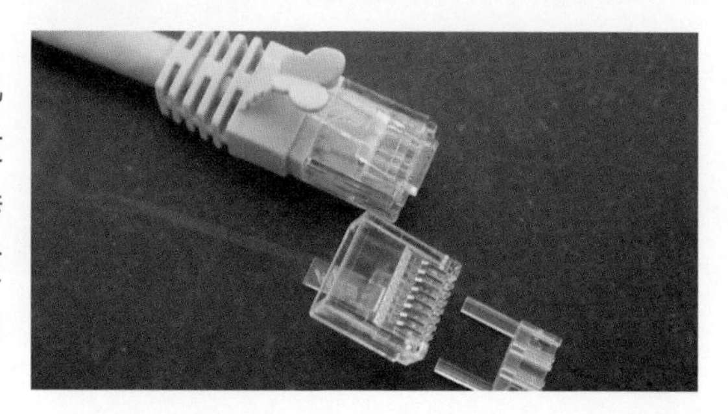

↑网路线水晶接头

★网路线的鉴别与选购

步骤1 注意辨别标识

在选购网路线时要辨别正确的标识，超五类线的标识为cat5e，带宽155M，是目前的主流产品；六类线的标识为cat6，带宽250M，用于千兆网。

步骤2 表面文字需清晰

正宗网路线外层表皮上印刷的文字非常清晰、圆滑，基本上没有锯齿状；伪劣产品的印刷质量较差，字体不清晰，或呈严重锯齿状。

步骤3 感受网路线质地

可用手触摸网路线，正宗产品为了适应不同的网络环境需求，都是采用铜材作为导线芯，质地较软；而伪劣产品为了降低成本，在铜材中添加了其他金属元素，导线较硬，不易弯曲，使用时容易产生断线。

步骤4 观察绕线密度

可用美工刀割掉部分外层表皮，使其露出4对芯线，优质品的绕线密度适中，呈逆时针方向；伪劣产品的绕线密度很小，方向也凌乱。

步骤5 检测阻燃性

可以用打火机点燃，正宗的网路线外层表皮具有阻燃性，而伪劣产品一般不具有阻燃性，不符合安全标准。

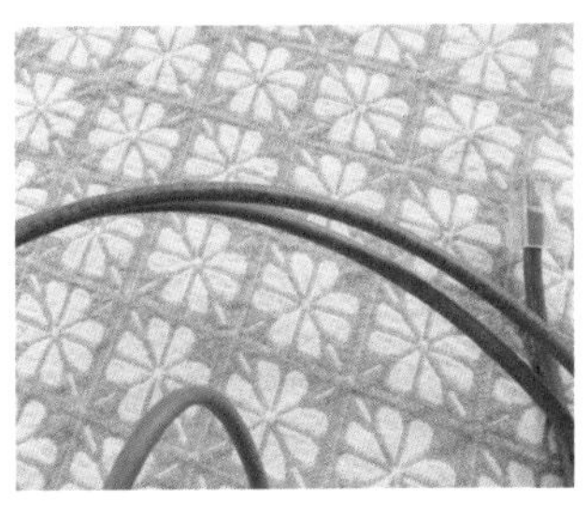

↑网路线表面文字清晰可见，各类数据齐全，为优质品

↓网线钳具有剥线和剪线的功能，方便施工

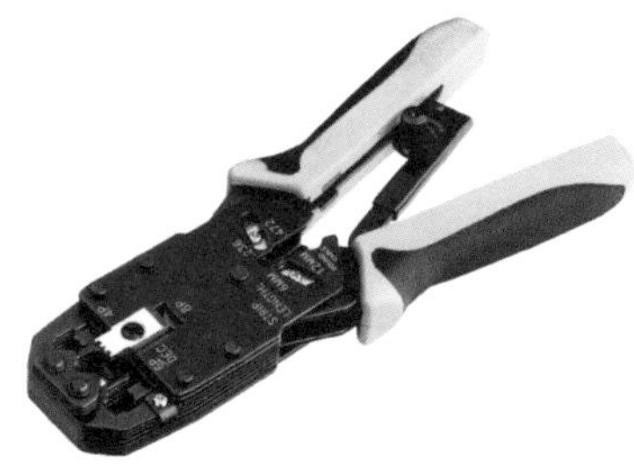

六类线布线标准中取消了基本链路模型，布线标准采用星形的拓扑结构，要求的布线距离为：永久链路的长度不能超过90m，信道长度不能超过100m。

2.4 音箱线

音箱线又被称为音频线、发烧线，是用来传播声音的电线，其是由高纯度铜或银作为导体制成，其中铜材为无氧铜或镀锡铜。音箱线由电线与连接头两部分组成，其中的电线一般为双芯屏蔽电线。

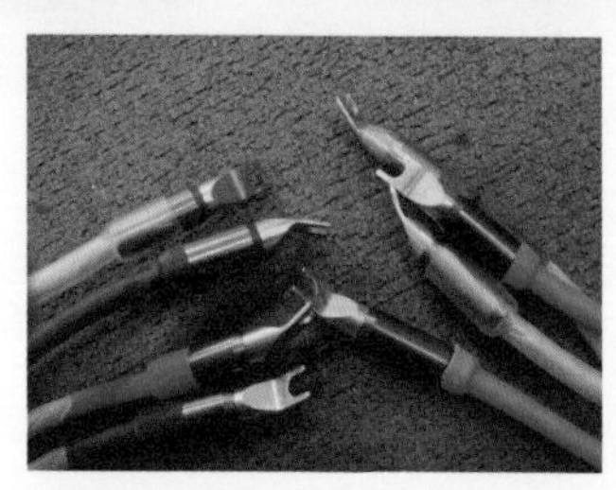

↑音箱线

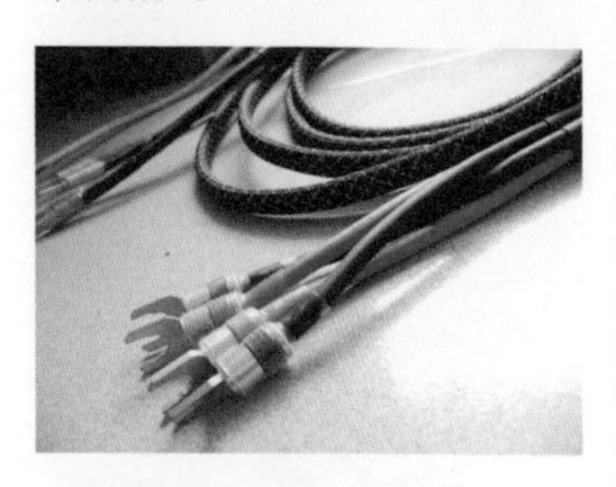

↑音箱线接头的形式一般为U形，具有快速插接、快速脱离、接触面积大的优点

常见的音箱线连接头有RCA（莲花头音频线）、XLR（卡农头音频线）、TRS JACKS（俗称插笔头）。音箱线用于播放设备、功率放大器（功放）、主音箱、环绕音箱之间的连接。

常见的音箱线由大量的铜芯线组成，有100芯、150芯、200芯、250芯、300芯以及350芯等多种，其中使用最多的是200芯与300芯的音箱线。一般而言，200芯就能满足基本需要，如果对音响效果要求很高，要求声音异常逼真等，可以考虑300芯的音箱线。为了提高不同波段音质效果，音箱线内芯材质应当由多种金属组合而成，这样能体现出多种音质效果。

音箱线在工作时要防止外界的电磁干扰，需要增加锡与铜线网作为屏蔽层，屏蔽层一般厚1～1.3mm。200芯纯铜音箱线价格为5～8元／m。

★音箱线的鉴别与选购

步骤1 观察音箱线的对称性

音箱线长度一般建议以每声道2～3m为宜，可通过不同的长度来调和整套组合的声音还原效果。两个声道的音箱线不能有长有短，且应与音频信号线相同。

步骤2 选择综合性能更好的导体

专业音箱线通常采用纯无氧铜作为导体，还可选择镀锡铜或镀银铜。镀锡铜的物理稳定性最好，镀银铜的导电性更好。不建议选择铜包铝，铜包铝的内阻比纯无氧铜要大4倍左右，会造成压降增大，甚至发热，危害音响系统。

↑音响线中纯铜线与镀锡铜线芯

步骤3 查看制作材料

选购时不能片面地认为高纯材料制成的音箱线就是优质品。现在很多顶级音箱线都采用合金材料，每种单一材料都有声音的表现个性，材料越纯，个性越明显。不同材料的线材混合使用也会在一定程度上调整音色，改善音质。品牌产品一般都用不同材质的合金材料制作音箱线。

↑由良好导体制成的音箱线

↑具有更多功能的光纤音箱线

↑音响线连接组合而成的家庭影院视听间

★选材小贴士

音箱线需要暗埋

如果需暗埋音响线，同样要用PVC管进行埋设，不能直接埋进墙里。无论是在地板刨坑还是在墙上凿槽，都要用塑料套管或黄蜡管将线套上，不要直接用水泥封固。此外，所设置的音箱线要提前确定好长度和具体的敷设位置，不要产生多余浪费，更不要中途续接。

2.5 电视线

电视线又被称为视频信号传输线，是用于传输视频与音频信号的常用线材，一般为同轴线。质量优劣直接影响视频的收看效果。电视线一般分为96网、128网、160网，网是指外面铝丝的根数，其决定了传送信号的清晰度。

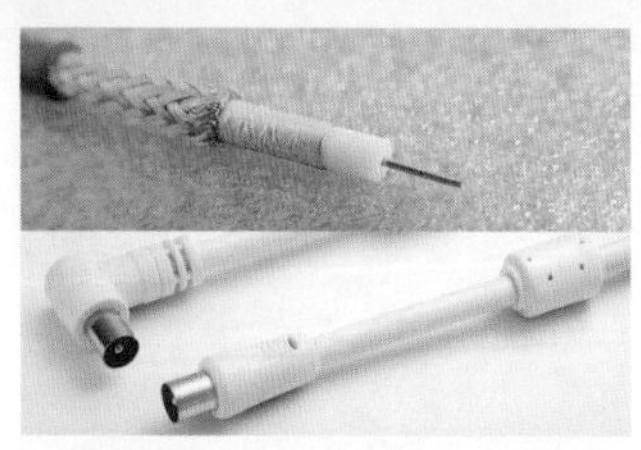

↑电视线。分2P与4P，2P是1层锡与1层铝丝，4P是2层锡与2层铝丝

★电视线的鉴别与选购

电视线的一般型号可表示为SYV75－X，其中S表示同轴射频电缆，Y表示聚乙烯，V表示聚氯乙烯，75表示特征阻抗，X表示其绝缘外径，如ϕ3mm、ϕ5mm，数字越大外径越粗，且传输距离就越远。同一规格的电视线，价位会有所不同，主要区别在于内芯材料是纯铜的还是铜包铝的，或外屏蔽层铜芯的绞数，如96编（指由96根细铜芯编织）等，编数越多，屏蔽性能就越好。目前，常用的型号一般是SYV75－5，其中128编的价格为150～200元/卷，每卷100m。

步骤1 选择编织层紧密的

选购时主要看电线的编织层是否紧密，越紧密说明屏蔽功能越好，信号越清晰，最好选择4层屏蔽电视线。

步骤2 选择内芯较粗的

可用美工刀将电视线划开，观察铜丝的粗细，铜丝越粗，其防磁、防干扰信号越好。

2.6 PVC穿线管

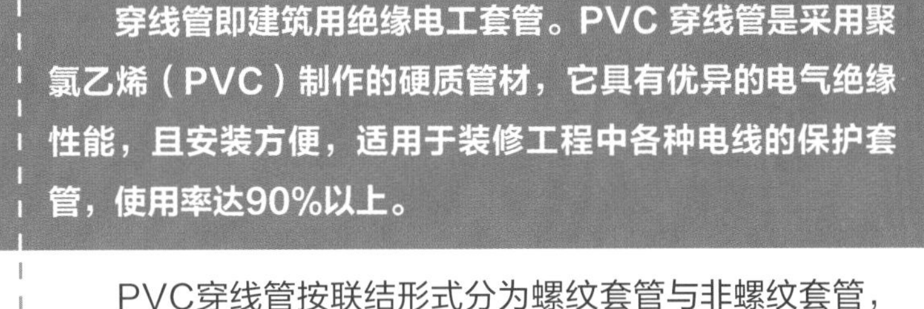

穿线管即建筑用绝缘电工套管。PVC 穿线管是采用聚氯乙烯（PVC）制作的硬质管材，它具有优异的电气绝缘性能，且安装方便，适用于装修工程中各种电线的保护套管，使用率达90%以上。

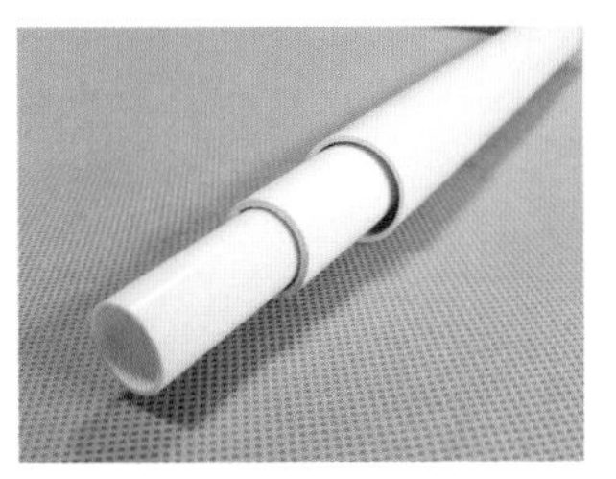

↑PVC穿线管

PVC穿线管按联结形式分为螺纹套管与非螺纹套管，其中非螺纹套管较为常用。PVC穿线管的规格有ϕ16mm、ϕ20mm、ϕ25mm、ϕ32mm等多种，内壁厚度一般应≥1mm，长度为3m或4m。

为了在施工中有所区分，PVC 穿线管有红色、蓝色、绿色、黄色、白色等多种颜色，其中ϕ20mm的中型PVC穿线管的价格为1.5～2元/m。为了配合建筑室内转角处施工，还有PVC波纹穿线管等配套产品，价格低廉，一般为0.5～1元/m。

★PVC穿线管的鉴别与选购

步骤1　根据装修面积选购

如果装修面积较大，且房间较多，一般在地面上布线，要求选用强度较高的重型PVC 穿线管；装修面积较小，且房间较少的，一般建议在墙、顶面上布线，可以选用普通中型PVC 穿线管。

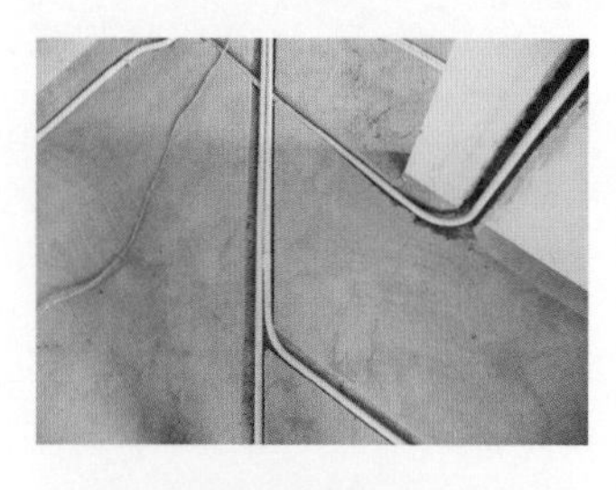

↑ PVC穿线管转角布设

步骤2 根据转角区域选购

在转角处除了采用同等规格与质量的PVC波纹穿线管外，还可以选用转角、三通、四通等成品PVC管件；在混凝土横梁、立柱处的转角，可以局部采用编织管套，如果穿线管的转角部位很宽松，还可以使用弯管器直接加工，这样能提高施工效率。

★PVC穿线管的安装

步骤1 确定好电线数量

如果装修面积较大，且房间较多，一般在地面上布线，要求选用强度较高的重型PVC 穿线管；装修面积较小，且房间较少的，一般建议在墙、顶面上布线，可以选用普通中型PVC 穿线管。

步骤2 连接好PVC穿线管与电路盒

在电路盒周边，PVC穿线管应该与电路盒无缝对接，不能存在间隙或多余。

步骤3 遵守PVC穿线管安装原则

PVC穿线管的安装原则是不能在任何环节上裸露电线，以确保内部电线的安全，电力线与信号线不能同穿一管内，两者之间应保持≥300mm的平行间距。

↑ 金属穿线管

↑ PVC波纹穿线管

★选材小贴士

PVC穿线管注意事项

一根穿线管内所穿电线的截面积之和必须小于该管道内截面积的40%。一般情况下，ϕ16mm的穿线管内电线不宜超过3根，ϕ20mm的穿线管内电线不宜超过4根。

2.7 电路线盒

电路线盒是采用PVC或金属制作的电路连接盒，主要起连接电线、过渡各种电器线路、保护线路安全的作用，同时也是电路铺设必不可少的材料。

常用的电路线盒有86型、120型等其他特殊功能暗盒，有一些电器设备与空气开关的自设箱体也被称为电路盒，其具体规格不一。电路线盒根据使用部位不同分为明盒与暗盒两种，明盒是安装在墙体表面，用于吊顶或装饰层内，暗盒是安装在墙体内部，外表与墙面齐平，是现代装修的主流。

↑金属接线暗盒

不同材质的电路线盒不宜混合使用，如金属材质线盒主要用于混凝土或承重墙中，其防火、抗压性能良好；PVC材质的暗盒其绝缘性能更好，使用面更广。施工时应该根据不同环境选用不同材质的线盒。86型线盒的尺寸约80mm×80mm，面板尺寸约86mm×86mm，是使用最多的一种电路线盒，可广泛应用于家居装修中，常用的86型PVC线盒价格为1~2元/个，具体价格根据质量而有所不同。

↑PVC电路暗盒

86型面板分为单盒与多联盒，其中多联盒是由2个及2个以上的单盒组合而成。120型电路线盒分为120／60型与120／120型两种，120／60型线盒尺寸约114mm×54mm，面板尺寸约120mm×60mm；120／120型线盒尺寸约114mm×114mm，面板尺寸约120mm×120mm。至于特殊作用的线盒，由于用途不同，其型号与类别种类繁多，主要用于线路的过渡连接，还有一些是特制的专用线盒，仅供其配套产品使用。

★电路线盒的鉴别与选购

步骤1 观察表面颜色

主要通过观察其颜色识别电路线盒质量的优劣，一般褐色、黑色、灰色产品多为返炼胶制作，且线盒表面有不规则的花纹，表示其材料中含杂质较多，彼此间没有完全融合。

步骤2 选择防火性能好的

选购时需要注意，劣质电路线盒多采用返炼胶制作，内部杂质较多，防火性能差，遇明火立即软化，甚至自燃，因此，要选择优质的、防火性能好的电路线盒。

步骤3 选择触感好的

伪劣材料质地粗糙，且边角部位毛刺较多，用力拉扯线盒侧壁容易变形或断裂，优质产品一般为白色、米色，质地光滑、厚实，有一定弹性且不易变形。

↑检测韧性。取电路线盒样品，往不同方向使用不同力度拉扯线盒，感受阻力，仔细观察其表面是否变形

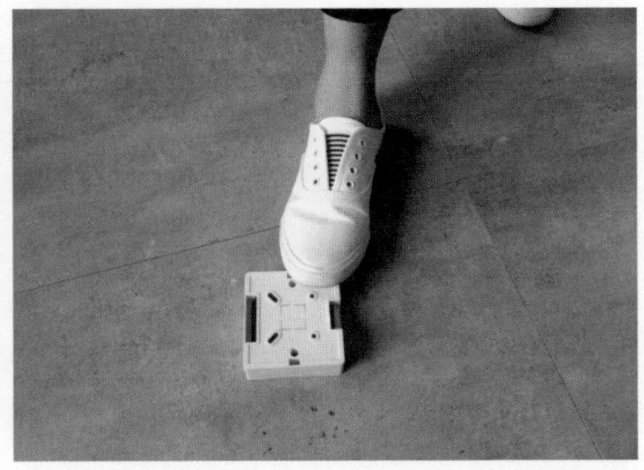

↑检测抗击打性。取电路线盒样品，用脚踩压线盒，不会轻易变形或断裂的为优质品

↑带锁扣的电路线盒

步骤4 检测可燃性

用打火机点燃电路线盒，优质品不易燃烧，且点燃后无刺鼻气味，离开火焰后会自动熄灭。

步骤5 查看灵活性

优质线盒的螺钉口具有一定的活动空间，即使开关插座面板安装后略有倾斜，也能够顺利调整到位。

步骤6 选购带锁扣的分色线盒

优质品牌线盒一般都带有锁扣，能相互组装并联成多种形式，满足不同电路设计的需要，而且产品具有红、蓝等多种颜色供选购，红色代表电源线（强电），蓝色代表信号线（弱电），这样会方便后续的施工和维修，也保障了使用安全。

★选材小贴士

电路线盒与穿线管的相互影响

在装修施工中，穿线管尽量不要破坏线盒的结构，否则容易导致预埋时盒体变形，对面板的安装造成不良的影响。同时，在穿管、穿线的施工中应该注意暗盒的预留孔是否会对电线造成损伤。

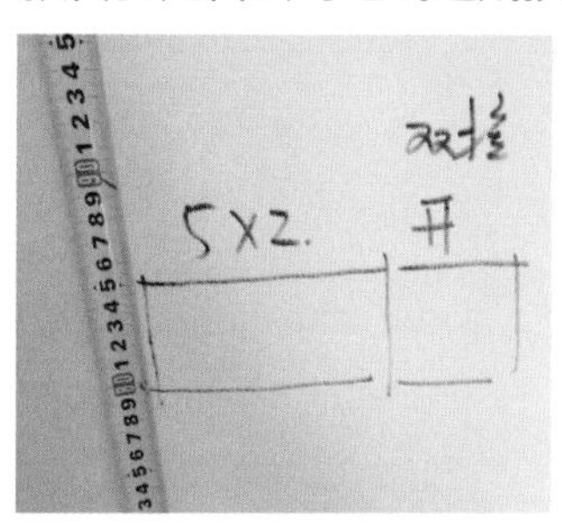

↑测量。在电路线盒正式安装之前，需要提前确定好尺寸，可用卷尺测量好并做好相关数据记录

↓记录。可用中性笔或铅笔在选定的位置绘出电路线盒的大致形状，确定好安装位置和安装类型

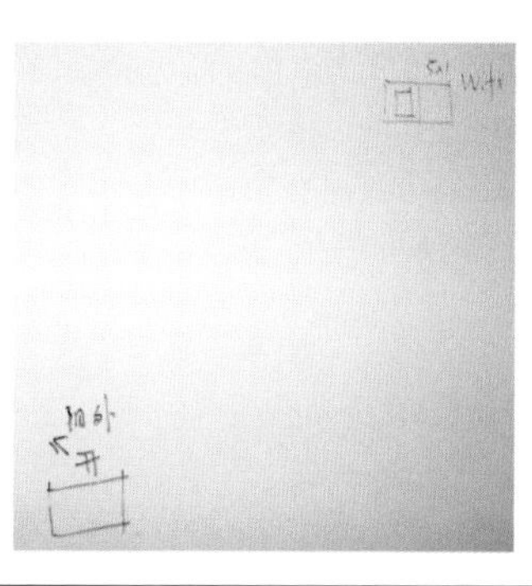

★电路线盒的安装施工

在现代家居装修中，电路暗线盒一般都需要进行预埋安装，各种电线的布设也都基本采取暗铺装的方式施工，即各种电线埋入顶、墙、地面或构造中，从外部看不到电线的形态与布局，使家居环境显得美观、简洁。

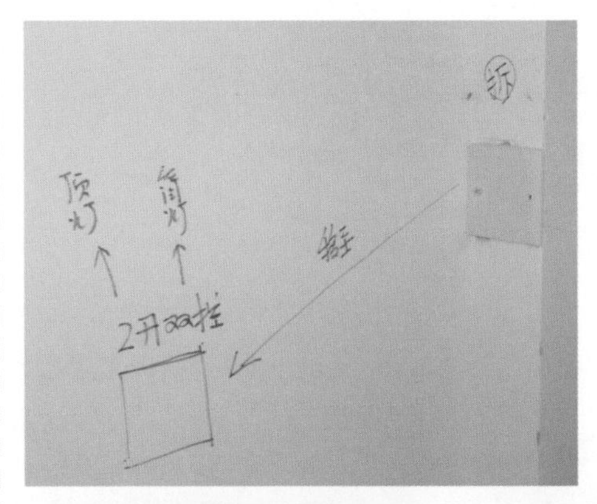

←放线定位。根据电路使用需要和设计图，在墙面、顶面标出电路线盒的位置，用记号笔作明确的记号

↑开凿。确定好电路线盒安装位置后可进行具体的开凿工作，注意做好防护措施，以免碎石溅入眼中

↑清理。开凿结束后需要将暗盒孔洞四周清理干净，方便后期填补水泥

←穿线入盒。电线穿入线盒中要注意线管与线盒之间的接口部位应紧密无缝，避免线盒或穿线管的锋利边缘破坏了电线绝缘层，造成短路等安全隐患

↑盖上面板。明装线盒安装相对简单，线路安装完成，盖上电路线盒的盖板即可，然后进行通电测试，检查是否有问题

→盘线整理。将线盒内的电线保留150～200mm，盘绕成形置入线盒内待用

2.8 开关插座

开关插座是电路安装中必不可少的材料，能随时开启、关闭电源，除了安全、便捷外，现代开关插座的品质还体现在形体美观与智能科技等方面。

2.8.1 普通开关插座

普通开关插座的运用最多，主要可以分为常规开关、常规插座、开关插座组合等多种形式。在现代家居装修中多采用暗盒安装，普通开关插座面板的规格为86型、120型。

↑单开关

普通开关插座背后都有接线端子，常见的有传统的螺丝端子与速接端子两种。后者的使用更为可靠，且接线非常简单快速，即使非专业的装修业主自己也能安装，只要将电线简单地插入端子孔，连接即可完成，且不会脱落，因此现在多数产品均为速接端子。

（1）开关。开关是用来控制电源开启、关闭的电路装置，开关的启动方式很多，一般分为旋转式、倒板式、翘板式、滑板式等多种。家用开关最常用的是翘板式，目前比较流行的是大翘板开关，其翘板面积占据整个面板，开关力度很轻、很舒适。

↑三开关

↑空气开关。空气开关又称为空气断路器，是开关中的一个特殊品种，适用于大功率用电设备的电路开关控制，选购时注意电流数据与电器设备一致

★普通开关插座的鉴别与选购

86型是一种国际标准，即面板尺寸约86mm×86mm。

118型面板尺寸为118mm×75mm，衍生产品为154mm×75mm、195mm×75mm，可以任意选配不同的开关、插座组合。

120型面板尺寸为120mm×70mm。

一般国际品牌大厂的产品多为86型。

为了方便使用，部分开关带有夜光功能，这样在晚上也能方便地找到开关的位置，发光方式主要有荧光粉与电源两种类型，前者价格较低，但是荧光粉在外界光源消失后，能量将很快耗尽，无法长久地起到荧光作用，而电源发光则可以长期明亮，对电源消耗很微小。常规86型单联单控开关价格为10～20元/个。

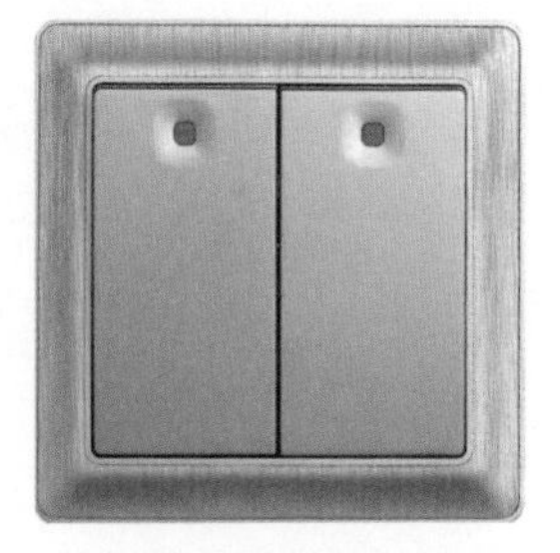

↑带电源发光的开关

步骤1 各部件连接需紧密

选择各部件连接紧密的产品，后期施工时应该紧固开关面板与基座暗盒之间的螺丝，不然产生的任何松动均易导致电路接触不良。

步骤2 单独回路

选择单独控制开关为主的产品，不选或少选多功能产品，不应将两个以上的用电设备连接在同一个开关上，否则容易产生过载电流，导致用电事故。

↑开关面板内部构造

↑开关面板正面

（2）插座。插座是用来接通电源的电路装置，供各种电器、设备的插头插入使用，在家居装修中，还会用到多功能插座，它主要是指3孔插座。我国国家标准规定的插头型式为扁形，有两极（2孔）插头与两极带接地（3孔）插头两种，圆柱形插头现在已经很少出现，但是为了方便使用，2孔插座大多都有圆头，而3孔插座也有扁形与圆形两种，

多功能插座一般在计算机、手机充电器、数码产品等产品中使用较多。

由于多功能插座的孔比较大，对于儿童来说不安全，因此一般都设有保护门。有保护门的产品是无法从外面直接看到里面的金属部件的，金属部件被塑料片遮挡，目的在于防止儿童玩耍时不慎插入从而引起触电事故。

在厨房、卫生间、淋浴间等空间还应该选用带有防水盖板的插座，或在墙面已有的插座上加装防水盖板，在容易溅到水的地方，如厨房水盆上方或卫生间，需要安装此面板，以利安全。插座的价格差距很大，常规的86型3孔插座价格为10～20元/个。

↑插座保护门

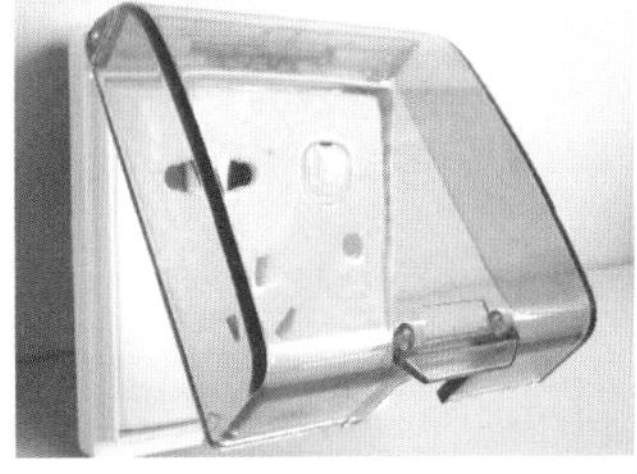

↑插座防水盖板

↑三孔插座面板

↑五孔插座面板

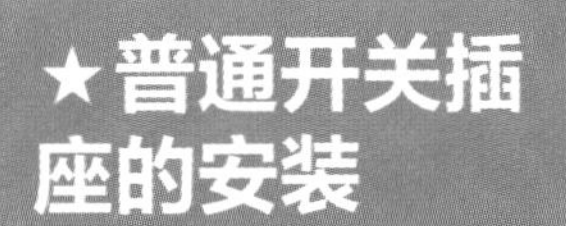

★普通开关插座的安装

步骤1　一定要安装接地线

施工时应该将插座上接地电线安装到位，不能因留空而使用电设备丧失接地功能，导致用电事故。

步骤2　插座所选用的电线应一致

接地电线应该采用与火线规格相同的电线，不能为了节约成本用较细的电线替代。

2.8.2 声音感应开关

声音感应开关又被称为声控开关，或声控延时开关，是一种内无接触点，利用声响效果激发拾音器进行声电转换，控制用电设备自动开启、关闭的开关。当人在开关附近用手或其他方式（如跺脚、喊叫等）发出一定声响，就能立即开启灯光或电器等设备。

在住宅空间中，全自动声音感应开关适用于走廊、楼梯、储藏间、更衣间、车库、卫生间等面积较小且功能单一的空间，主要用来控制照明、换气等常规电器设备。声音感应开关的价格为20～30元/个，但是知名品牌的产品或用于特殊环境的产品价格相对较高。

↑声音感应开关外观无任何划痕

↑声音感应开关内部各部件齐全

★选材小贴士

安装声音感应开关要注意的细节

声音感应开关在施工中应该注意防尘，因为灰尘进入开关后会落在拾音器上，从而影响开关的敏感度，长此以往，只有发出更大的声音才能使其正常运行。

声音感应开关位置要与发声的部位最近，例如：习惯以跺脚发声的走道，声音感应开关应当安装在距离地面300mm左右处，甚至更低；习惯以击掌或拍击家具柜体发声的卧室，声音感应开关应当安装在距离地面900mm左右处，这是人手臂自然垂落的正常高度。

步骤1　保持施工环境干净卫生

在施工现场应当保持环境卫生，避免灰尘过多，并及时清理声音感应开关表面与内部灰尘。

步骤2　保证质量

建议选购品牌产品，选购时还需检查相应的生产说明和相关数据是否齐全，外观是否有裂痕，要选择感应敏捷的声音感应开关。

★普通开关插座的施工

2.8.3 遥控开关

遥控开关是采用无线遥控技术来控制照明与电器设备开启、关闭的开关，遥控开关的使用方法与电视、空调的遥控器相同，已成为现代生活追逐的潮流。

常用的遥控开关一般分发射与接收两个部分。发射部分一般分为两种类型，即遥控器与发射模块，接收部分也分为两种类型，即超外差与超再生接收方式。多功能遥控开关的待机功耗约0.02W，负载总功率为5～500W，室内遥控距离≥20m。遥控开关价格较高，一般为100～200元／个。

遥控开关可能受到环境因素的影响而不能正常使用，如发射功率，若发射功率大则距离远，但耗电较大，容易产生干扰或受到干扰，尤其是会受到施工现场的空气压缩机等其他电气工具、设备影响，如果这时将接收器的接收灵敏度提高，遥控距离就会增大，但容易受干扰造成误动或失控。如果遥控器与开关面板之间有墙壁阻挡，则会大大缩短遥控距离，如果是钢筋混凝土墙壁，影响则更大。高端的遥控开关可以与家居中的Wi-Fi连接，通过手机联网在家居以外的任何有网络的地方远程控制家居中各种电器的开关，这类Wi-Fi遥控开关是今后装修的主流产品。

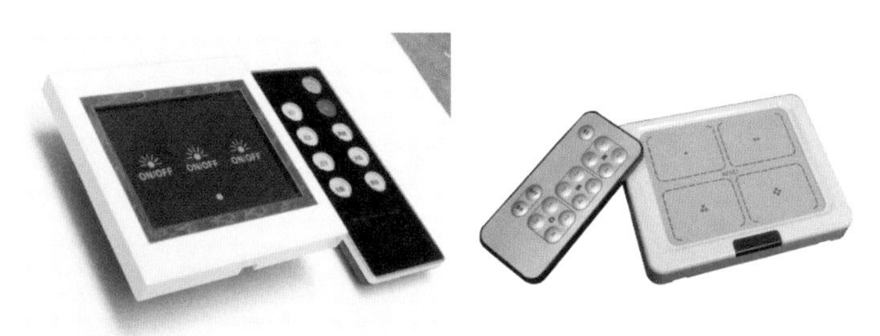

↑触摸屏遥控开关　　↑物理按键遥控开关

★选材小贴士

负载遥控距离

遥控开关的接收器挂载不同功耗的用电器，遥控距离是不同的，在满载功率条件下，至少为18m。如果无障碍，遥控距离只有20m，用电器300W左右，负载距离可能只有几米，所以负载遥控距离是遥控开关的一个核心指标，这个指标决定了开关的稳定性与灵敏度。

2.8.4 地面插座

地面插座是专用于地面安装的插座，一般为多功能插座。地面插座盒内安装有多个插座的面板，面板固定在基座盖套里，其总体高度可调。地面插座内一般具有多个插座，可多路接线，功能多、用途广、接线方便。

地面插座按开启方式可以分为阻尼型与弹起型两种。阻尼型插座表面均匀细质，平滑美观，与安装面紧密贴合，打开时，表面被阻尼结构缓慢、匀速地升起，与弹起型相比噪声小，安全性高，手感更为舒适。按材质，地面插座可以分为铜合金、锌合金、不锈钢等3种；按大小，可以分为单联与双联两种，单联地面插座有3位与6位两种，双联地面插座的模块应用更加多元化。常用插座模块为120型，可以安装各种常规2孔电源插座、3孔电源插座、5孔电源插座、电视插座、网线插座、音箱插座、电话插座等。

地面插座表面规格为120mm×120mm，地面暗盒规格为100mm×100mm×55mm，一般采用金属暗盒，常用5孔电源地面插座的价格一般为60～100元/个，一般安装在面积较大的房间地面，如客厅茶几下方、书房书桌下方的地面等，方便各种电器设备随时取电。

↑五孔地面插座正面

↑地面插座内部构造

★选材小贴士

地面插座选购

所选购的地面插座的外观及外形要与地板相互协调，融为一体，近年来出现了很多专用配装大理石地面、地毯地面、地板胶地面的地面插座，品种丰富，使用者可自行选择合适的地面插座。此外，还要特别注意地面插座的防水性能，要求绝对密封，不会渗水。

★开关插座的鉴别与选购

开关插座的品种繁多，选购时需要注意识别产品质量。

步骤1 观察外观

优质开关插座的面板多采用高档塑料，表面看起来材质均匀、光洁且有质感。面板的材料主要有PC与ABS（工程塑料）两种之分，PC材料的颜色为象牙白，ABS材料的颜色为苍白；劣质产品多采用普通塑料，颜色较灰暗，低档产品多以ABS材料居多，而中高档的产品基本上都采用PC材料。当然PC材料的产品质量也有高低之分，其添加剂的成分也各不相同。

优质PC材料的阻燃性能良好，抗冲击力强且不变色，质量不高的产品色泽苍白，质地粗大，材料的阻燃性不好，会给正常使用埋下火灾隐患。总之，优质产品的正面外观平整，做工精细，无毛刺，色泽透亮。

此外，仔细观看面板的背部与内部，很多低档开关从背部与内部可以看到是采用很小的开关构件制作的，质量较差且容易与大块开关板脱离，面板背部的功能件上应该铸有产品电气性能参数。正规厂家生产的产品上都标明额定电压和电流、电源性质符号、生产厂名、商标与3C标志，带接地极的插座要有接地符号。

←触摸表面。取开关插座样品，触摸其表面，无明显刺痛感，表面光滑无划痕的为优质品

→观察背部。取开关插座样品，观察背部及内部结构，各配件连接紧密，螺丝紧固者为优质品

步骤2 关注手感

优质产品为了保证触点连接可靠，降低接触电阻，一般选用的弹簧较硬，在开关时有比较强的阻力感，普通产品则较软，经常发生开关手柄停在中间位置的现象，容易造成安全隐患。可以拆下面板的边框，用手握捏，边框虽然会变形，但是不会断裂，这就说明是PC材料的产品。

步骤3 观察金属材料

开关插座面板中的金属材料主要为铜质插片与接线端子，优质产品的铜材应该为紫铜，颜色偏红，质地厚重；劣质产品多采用黄铜，偏黄色，质地软且易氧化变色。由于伪劣产品多采用镀铜铁片，因而鉴别是否为镀铜铁片的方法很简单，能被磁铁吸住的就是铁片，且采用镀铜铁片的产品极易生锈变黑，具有安全隐患。此外，还要关注螺丝，一般以铜螺丝质量最好，镀铜螺丝也不错，如果是铁螺丝就容易生锈。

步骤4 识别绝缘材料

绝缘材料的质量对于开关插座面板的安全性非常重要，但是却很难判断。如果条件允许，可以先购买1个当作实验品，采用打火机点燃产品中的黑色塑料，合格产品在离开火焰时不会继续燃烧，为阻燃材料；劣质产品则会不断燃烧下去。此外，从外观上来看，优质产品的绝缘材料一般质地比较坚硬，很难划伤，结构严密，手感较重。

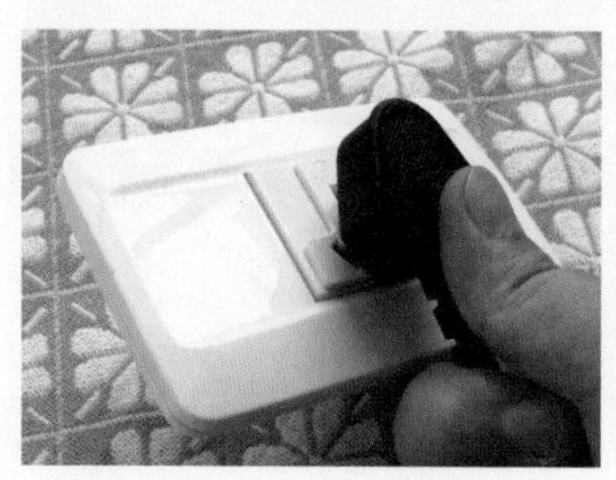

↑插入插头。取开关插座样品，感受插头和插座的连接度，以及拔出插头时的难易程度

↑观察触点。取开关插座样品，仔细观察背部触点，查看其是否平齐，且有无错位，并检查弹簧

步骤5 观察开关触点

开关插座面板的质量核心在于开关触点，即导电片，通常应该采用银铜复合材料制作，这样可以防止启闭时引起氧化。优质产品的开关触点由纯银制成，能够达到国家规定的40000次的开关标准。银的导电性非常好，但是由于纯银熔点低，在使用中容易发生高温熔化或反复使用后产生变形等问题，因此有些厂商采用的银铜合金，既保证了银的良好导电性，又有效地提高了熔点与硬度。

步骤6 查看产品包装

仔细查看产品包装是否完整，外包装上是否有详细的制造厂家或供应商的地址、电话，包装内是否有使用说明书与合格证，包括3C认证及额定电流、电压等技术参数，知名品牌的产品还会登载质量承诺等。

★选材小贴士

开关插座也是装饰品

在高级酒店、会议室、高档写字楼等区域，可以清楚地看到，白色的塑料开关基本是没有的，取而代之的是高档的银色、金色、灰色等等。年轻的新一代业主追求时尚、个性化，厂家们也为了迎合住户的口味，不停地开发新的产品，开关插座在满足使用要求的同时也能起到更好的装饰作用。

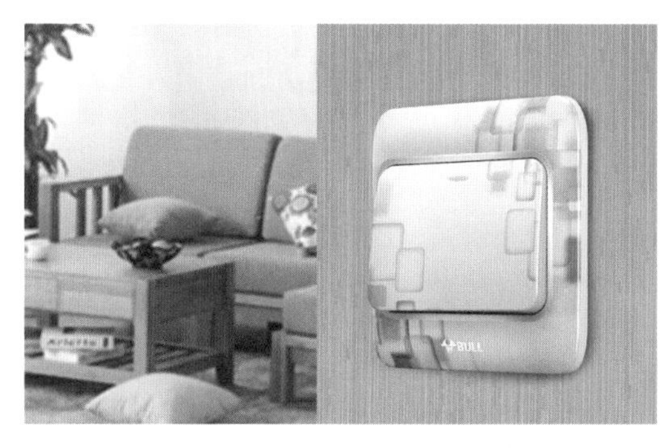

↑装饰开关。色泽亮丽且富有花纹的开关可以很好地装饰室内环境

↑插座应用。插座为日常生活提供了很多便利，但在使用时要注意避免水渍溅到插座内，以防发生火灾

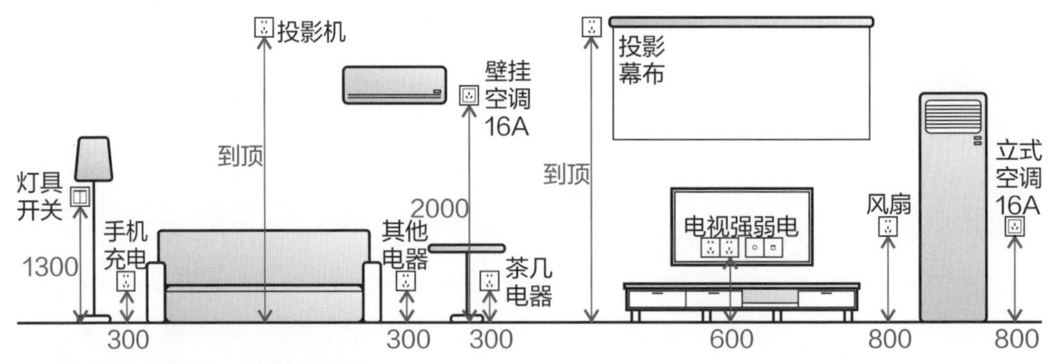

↑客厅开关插座位置与尺寸（单位：mm）

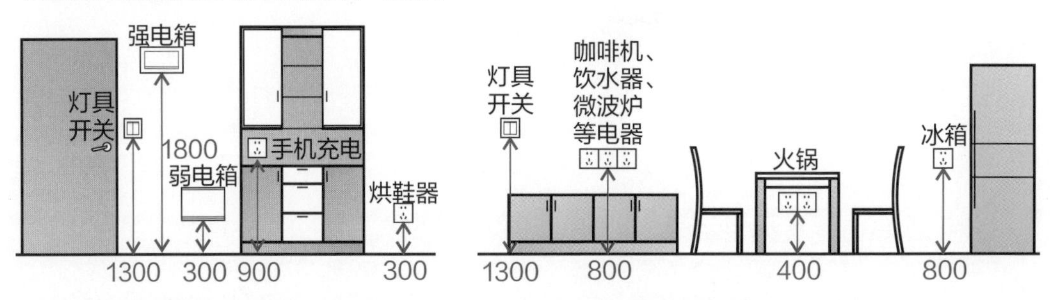

↑门厅走道开关插座位置与尺寸（单位：mm） ↑餐厅开关插座位置与尺寸（单位：mm）

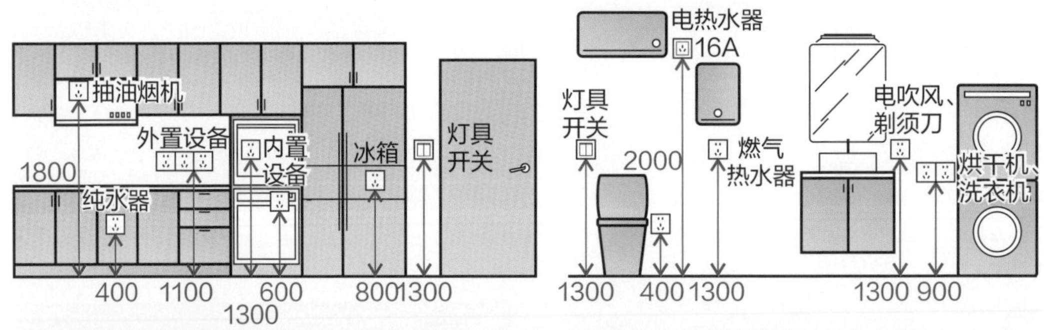

↑厨房开关插座位置与尺寸（单位：mm） ↑卫生间开关插座位置与尺寸（单位：mm）

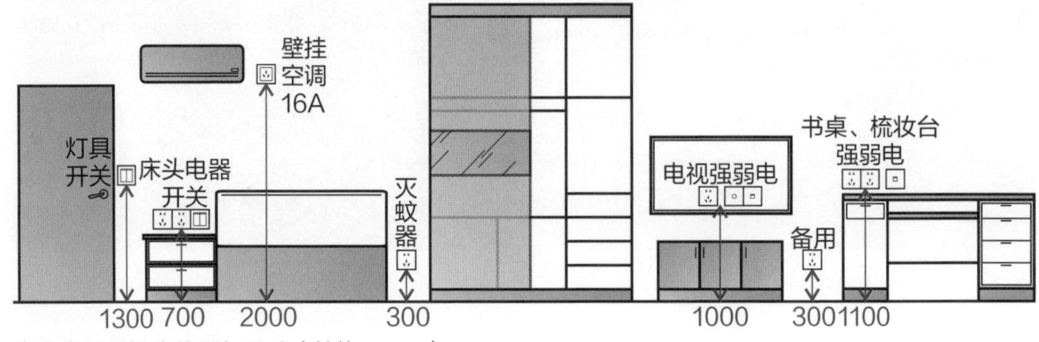

↑卧室开关插座位置与尺寸（单位：mm）

电路材料一览 ●大家来对比●

品种	性能特点	适用部位	价格
单股线	结构简单，色彩丰富，需要组建电路，施工成本低，价格低廉	照明、动力电路连接	100m长，2.5mm^2 200~250元/卷
护套线	结构简单，色彩丰富，使用方便，价格较高	照明、动力电路连接	100m长，2.5mm^2 450~500元/卷
电话线	截面较细，质地单薄，功能强大，传输快捷，价格适中	电话、视频信号连接	100m长，4芯 150~200元/卷
电视线	结构复杂，具有屏蔽功能，信号传输无干扰，质量优异，价格较高	电视信号连接	100m长，128编 350~400元/卷
音箱线	结构复杂，具有屏蔽功能，信号传输无干扰，质量优异，价格昂贵	音箱信号连接	100m长，200芯 500~800元/卷
网路线	结构复杂，单根截面较细，质地单薄，传输速度较快，价格较高	网络信号连接	100m长，六类线 300~400元/卷
穿线管	质地光洁平滑，硬度高，强度好，能抗压，施工快捷方便，价格低廉	各种电线、电路外套保护	ϕ20mm硬管1.5~2元/m ϕ20mm软管0.5~1元/m
接线暗盒	质地光洁平滑，硬度高，强度好，能抗压，施工快捷方便，价格低廉	各种开关插座面板基础安装	86型PVC 1~2元/个
普通开关插座	表面光洁平滑，触感真实细腻，结构简单精致，耐用性好，价格适中	开关、插座承载基础	86型单联单控开关或3孔插座 20元/个
智能开关	表面光洁平滑，触感真实细腻，结构复杂精致，耐用性一般，易受干扰，价格较高	特殊空间电路控制	红外、声音、触摸感应开关 20~30元/个 遥控开关100~200元/个
地面插座	结构坚固，耐用性好，防水防潮，价格昂贵	特殊空间地面插座承载基础	5孔 60~100元/个

参考文献

[1] 阳鸿钧. 轻松搞定家装水电选材用材. 北京：中国电力出版社，2016.

[2] 王旭光，黄燕. 装饰材料选购技巧与禁忌. 北京：机械工业出版社，2008.

[3] 徐武. 图解家装水电设计与现场施工一本通. 北京. 人民邮电出版社，2017.

[4] 乔长君，席志佳. 画说家装水电工技能. 北京：中国电力出版社，2018.

[5] 张立友，呼原. 做个家装明白人——家装材料选购. 北京：机械工业出版社，2010.

[6] 王红英. 基础与水电材料. 北京：中国建筑工业出版社，2014.

[7] 创新家装设计选材与预算第2季编写组. 创新家装设计选材与预算第2季：清新浪漫. 北京：机械工业出版社，2016.

[8] 叶萍. 工人师傅教你家装——材料选择600招. 北京：中国电力出版社，2017.

[9] 房海明. LED灯具设计、组装与施工. 北京：电子工业出版社，2014.